漫畫科普

冷知識王

世界其實很有事
生活才會
那麼有意思！

漫畫科普冷知識王：世界其實很有事，生活才會那麼有意思！

作　　者：鋤見
企劃編輯：王建賀
文字編輯：詹祐甯
設計裝幀：張寶莉
發 行 人：廖文良

發 行 所：碁峰資訊股份有限公司
地　　址：台北市南港區三重路 66 號 7 樓之 6
電　　話：(02)2788-2408
傳　　真：(02)8192-4433
網　　站：www.gotop.com.tw
書　　號：ACV041300
版　　次：2020 年 09 月初版
　　　　　2024 年 07 月初版二十五刷
建議售價：NT$350

授權聲明：《漫畫科普-比知識有趣的冷知識》本書經四川文智立心傳媒有限公司代理，由廣州漫友文化科技發展有限公司正式授權，同意碁峰資訊股份有限公司在台灣地區出版、在港澳台地區發行中文繁體字版本。非經書面同意，不得以任何形式重製、轉載。

國家圖書館出版品預行編目資料

漫畫科普冷知識王：世界其實很有事，生活才會那麼有意思！/
鋤見原著. -- 初版. -- 臺北市：碁峰資訊, 2020.09
　　面；　公分
　　ISBN 978-986-502-592-2(平裝)
　　1.科學　2.通俗作品
300　　　　　　　　　　　　　　　　　　109011456

本書是根據寫作當時的資料撰寫而成，日後若因資料更新導致與書籍內容有所差異，敬請見諒。
若是軟、硬體問題，請您直接與軟、硬體廠商聯絡。

目錄 contents

人類冷知識 001

動物冷知識

生活冷知識

科技冷知識

文化冷知識 122

地理冷知識 · 154

宇宙冷知識

人類是唯一獲得愈多冷知識愈覺得快樂的動物

—艾西莫夫

人類
human beings
冷知識

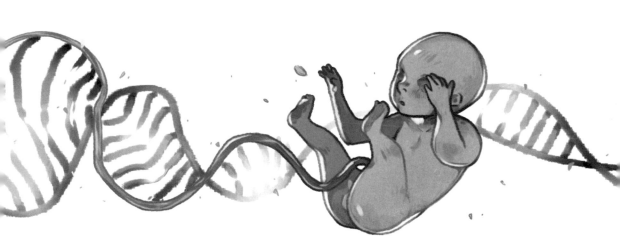

1. 想過你是由什麼組成的嗎？

人類和其他物體在理論上來說，都只是原子的集合。

成年人的身體大概有 7,000,000,000,000,000,000,000,000,000 個原子。

（7 後面有 27 個 0）

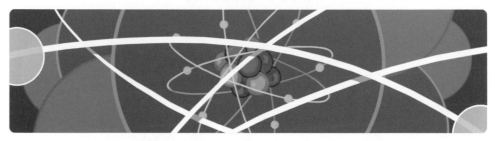

眾所周知，原子中超過 99.9% 的部分是真空的，所以人體 99.9% 是真空的。

我覺得好方……

如果去除體內真空的部分，

人的身體將會縮成一個邊長小於 1/500 釐米的立方體。

所以，有沒有想過，本質上你只是……

一坨空氣……

更多冷知識

①對於人體組成也存在另一種說法，這種說法認為人體由微生物組成，平時人類想吃什麼東西，都是微生物"指使"的。

②組成人類身體的每一個原子都在這個世界上存在了幾十億年，其中最古老的氫原子產生於 130 多億年前的宇宙大爆炸。

2. 如果把人類的 DNA 展開，長度可以從地球往返月球 3000 次

將一個人的 DNA 全部展開，再首尾相連，

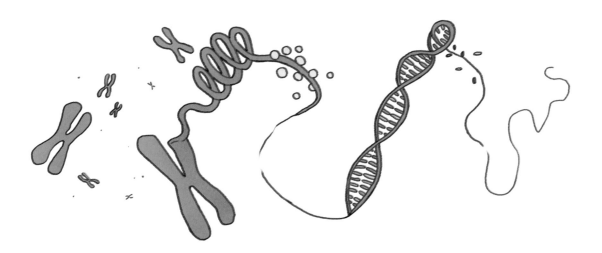

長度將達到 1020 億公里。

這個長度，等於從地球往返月球 3000 次。

3. 人類的 DNA 有 50% 與香蕉相同

我們的血緣關係很近哦！

大家都知道，
人類和黑猩猩的基因相似度達到 96%。

但是你一定想不到，
人類和香蕉也共享著 50% 以上的 DNA。

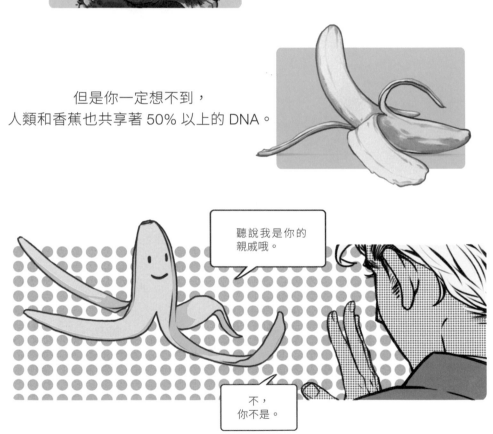

聽說我是你的親戚哦。

不，
你不是。

更多
冷知識

①其實，人和人之間的基因有 99.9% 是相同的，那 0.1% 的不同造就了每個人的差異。

②事實上，人類有冬眠的基因，只不過並不活躍。我們在冬天會比在夏天的時候更想要賴床。

4. 人體的細胞每七年就會更新一次

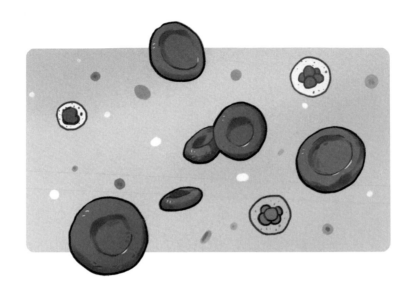

人體細胞是有壽命的，每天都在更新，
衰老死掉的細胞會被新的代替。

全身的細胞全部替換掉，需要經過七年，
也就是在生理上，我們每隔七年就擁有一個新的身體。

①細胞的更替是循序漸進的，並不會在同一
時間全部換掉，不同的細胞代謝的時間和間
隔都不同。

②人的大腦細胞是永久不變的，所以，就算
身體經過了七年的更新週期，你的腦子依然
還是同一個。

更多
冷知識

5. 指紋預言了你的運動天賦

人類的指紋通常分為鬥型、箕型和弓型，
研究認為，指紋作為人體皮紋的一種，包含了人類豐富的遺傳信息。

鬥型紋　　　　　箕型紋　　　　　弓形紋

遺傳學的專家認為，
鬥型紋多的人通常想像力比較豐富，身體的協調能力比較好，
適合當體操運動員、游泳運動員、摔跤運動員等。

鬥型紋越多，代表著運動天賦越好。

更多
冷知識

人體皮膚上的紋路包含著豐富的遺傳信息。在醫學上，皮紋主要作為染色體異常和先天性遺傳疾病的輔助診斷手段。目前，醫學界已經對 200 多種先天性遺傳疾病的皮紋進行了研究，並獲得了一些進展。

6. 人類的腳趾有3種類型

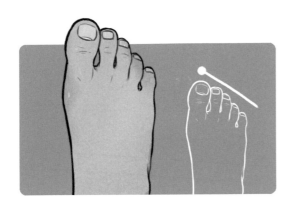

埃及腳
大腳趾比其他4根腳趾長

羅馬腳
5根腳趾的長度都差不多

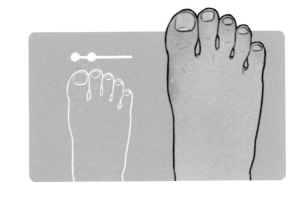

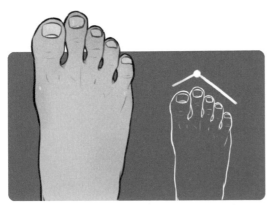

希臘腳
第2根腳趾比其他的都長

①擁有羅馬腳的人比較罕見，他們特別適合跳芭蕾舞。　②擁有希臘腳的人通常四肢修長，還有研究發現，大多數美女都是希臘腳。

更多冷知識

7. 左撇子不一定更聰明

因為右撇子非常普遍，與之不同的左撇子就容易引起關注，
使人們誤以為左撇子更聰明。

從醫學角度來說，左撇子和右撇子只是大腦腦功能的不同表現。
右手鍛煉左腦，負責邏輯區；左手鍛煉右腦，負責直覺區。

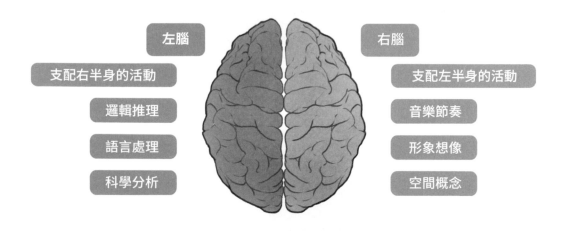

左腦
支配右半身的活動
邏輯推理
語言處理
科學分析

右腦
支配左半身的活動
音樂節奏
形象想像
空間概念

兩者在認知能力上並沒有優劣之分，只是擅長的領域不同，
因此也沒有誰更聰明一說。

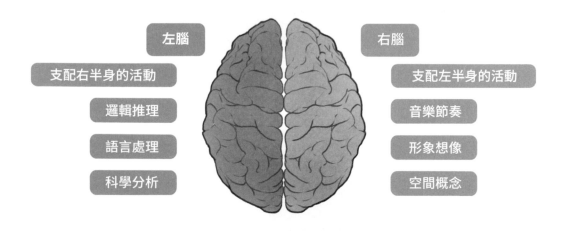

更多
冷知識

①全球有約 11% 的人是左撇子，絕大部分左撇子都是男性。

②有研究發現，右撇子比左撇子平均壽命多 9 年。

8. 中指的指甲長得最快

雖然人類的指甲普遍生長緩慢，
但是指甲的生長速度也是有細微差別的哦！
同一只手上，中指的指甲長得最快，
食指、無名指和大拇指不相上下，小指的指甲長得最慢。

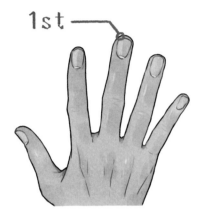

1st

指甲就像植物，根部的生長環境越好，就長得越快。
而指甲的甲基部分負責制造角蛋白細胞，從下往上推動指甲變長。
活動越多的指頭供血越充足，指甲就像擁有了肥沃土壤的小樹苗一樣
長得越快。

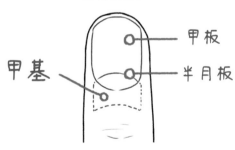

甲板

半月板

甲基

經常摩擦也會使指甲生長速度加快，
所以右撇子的右手指甲會長得比左手快，只是我們感受不明顯而已。

①指甲只有在損耗、修剪的情況下才正常生長。如果一直不剪指甲，指甲生長的速度會放慢。

②指甲的生長速度還會受到年齡、健康、季節等其他因素的影響。

9. 甜言蜜語要說給左耳聽

人的右腦掌管感性思維和情感活動，

左耳得到的信號能直接進入右腦，右腦得到的刺激更強烈。

左耳聽情話，右耳聽命令。
所以，有甜言蜜語，要說給左耳聽哦！

更多
冷知識

①還有另一種浪漫的原因：左耳更靠近心臟。

②相反地，如果你要向上司彙報或者給別人講道理，請對他的右耳說話。

10. 智商高低怎麼區分

首先透過一系列的問題得出你的智商，
智商＝（智力年齡／真實年齡）× 100%，按照以下分數進行區分。

智商是 200 分制

70以下 -----	智能不足
90～110 -----	智能正常
120～140 -----	聰　　明
140以上 -----	天　　才

11. 天才們的共同點

經過科學研究發現，歷史上被譽為天才的那些人，
往往有以下幾個共同點：

我不睏

愛熬夜

懶得畫

能懶則懶

**有不懂的事
隨時可以來吻我**

有幽默感

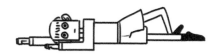

我聽見海哭的聲音

聽覺靈敏

藝術就是亂畫

喜歡畫畫

1+3×6÷9=(?)

愛動腦筋

更多
冷知識

①還有一個特質是——都有小怪癖。

②研究表示，聰明的人更喜歡一個人生活、學習和工作，獨立自主的生活狀態往往讓他們感覺更快樂。

12. 人類的大腦中三分之二是水

人類的大腦約有 1.44 公斤重，其中三分之二是水分。

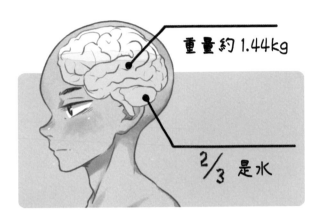

如果有人這樣對你說：

①大腦可以處理疼痛訊息，但奇怪的是，大腦無法感受疼痛。　②大腦能夠保存大約 25000GB 的數據。

13. 人體每天要分泌 1 公升的唾液

其實每個人每天分泌的唾液，足足有 1 公升那麼多！

最好還是不要裝起來

每個人一生分泌的唾液，足夠填滿 2 個普通大小的游泳池。

在這兩池口水裡練習吧！

好噁心！

更多冷知識

①雖然唾液中 98% 的成分是水，但是它的濃度太高了，身體無法吸收，所以唾液其實不能解渴。

②青蛙的唾液很強大，當它伸出舌頭捕獵時，唾液會很粘稠，使獵物無法逃脫。

14. 心臟平均每天跳動 10 萬次

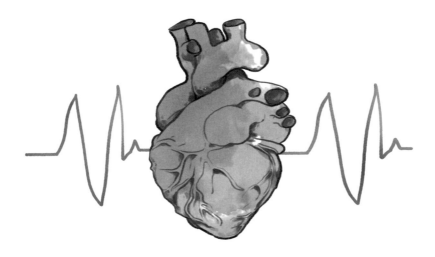

心臟是人體最重要的器官之一，平均每天跳動 10 萬次。

勤勞的心臟

在人的一生中，心臟總共跳動約 25 億次。

①心臟每天所產生的熱量足夠讓一輛卡車開 32 公里。 ②由於心臟有獨立的 "電力系統"，只要供氧足夠，就算離開人體心臟也能在體外跳動。

15. 心臟跳動的節奏會和正在聽的音樂同步

當你在聽音樂的時候，心臟也會跟著一起聽。
心臟跳動的節奏，會逐漸和正在聽的音樂同步。

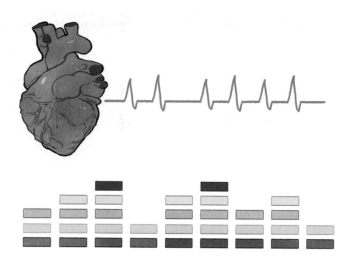

動物也是會這樣的哦！

更多
冷知識

義大利科學家的有關研究指出：心跳速度與人的壽命有關。心跳快者壽命短，而心跳慢者壽命長。所以理論上來說，聽慢歌比聽快歌更有益身心。

16. 人眼的分辨率約爲 500 萬像素

人眼中有 500 萬個以上的視錐細胞,分辨率約為 500 萬像素。

如果把人的眼睛比作一部相機的話,雖然它的像素並不高,

但它有可能是性能最厲害的!

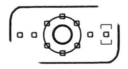

①事物在視網膜上的影像是倒立的,在大腦中進行加工後,我們才會看到正立的影像。　②人在看到自己喜歡的人時,瞳孔會擴大 45%。

17. 每個人出生的時候都有動耳朵的能力

其實，每個人在出生的時候都自帶動耳朵的能力，

但是如果不在小時候鍛煉這項技能，
與之相關的肌肉就會萎縮，

長大以後，就不會動耳朵了。

你想動耳朵嗎？

更多
冷知識

在地鐵上戴耳機聽音樂的風險：地鐵上的噪音超過 80 分貝，如果你在地鐵裡把耳機的音量調到能聽清楚的程度，會對聽力造成非常大的傷害，嚴重時甚至會耳聾！

18. 人是會發光的生物

當聽到關於發光生物時，你的腦海中或會聯想到深海生物。

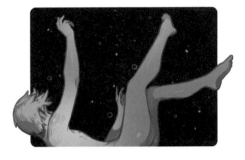

而事實上，人類也可以在黑暗中發出細微的光，只是單憑肉眼無法看見。

當我們燃燒身體的能量時，會散發更亮的光。

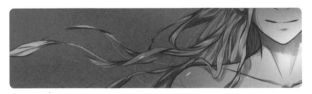

請記住你能發光

①生物的發光其實是一種生物通訊行為，可分為主動發光和被動發光兩種類別。

②夜晚常在近海作業的漁民或者是長住海邊的人，經常能看到海面上出現光帶，這是一些藻類發出來的光。

19. 流眼淚可以緩解壓力

流眼淚，是我們表達情感的重要方式之一，
事實上，流眼淚對我們的身心健康也極其重要。

原因是，我們因情感波動而流的眼淚中，含有一些蛋白質激素，
如促腎上腺皮質素和催乳素，這些蛋白質激素和人體壓力有一定的關連。

壓力大就想辦法哭出來

所以，流眼淚會有緩解壓力的作用。

更多
冷知識

①哭完之後心情不一定會馬上變好，但憋著不哭，會增加罹患心臟疾病和高血壓的風險。

②在日本，甚至還有"哭泣俱樂部"，會員們為了放聲哭泣，會相約聚在一起看催淚的電影。

20. 人體最髒的部分，其實是鼻腔

國際醫學機構實驗顯示：
人類的鼻腔內有 10000 多種細菌群，
是馬桶上的細菌群種類的 400 多倍。

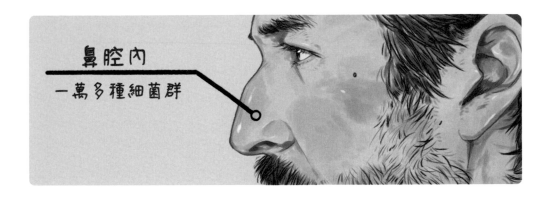

鼻腔裡細菌的數量，
比地球人的數量還要多得多！

①人體最髒的器官是鼻腔，排名第二的是口腔，口腔內細菌群有 700 多種。

②事實上人有 4 個鼻孔，2 個是大家都能看見的，還有 2 個隱藏的鼻孔在腦袋的內部，成為 "後鼻孔"。

更多冷知識

21. 人類最強壯的肌肉是咬肌

咬肌可以施加很大的壓力。
在下巴用力咬合的時候，最大可以施加 90 公斤的力。

咬肌可以說是 "吃貨們" 最強大的武器了！

更多
冷知識

臀大肌，也就是屁股，是人體最大的兩塊肌肉。它主要幫助移動臀部和大腿，並保持人的軀幹垂直。

22. 節食會導致你的大腦自我吞噬

當人體開始缺乏食物時，細胞就會開始一點一點吞噬自己。

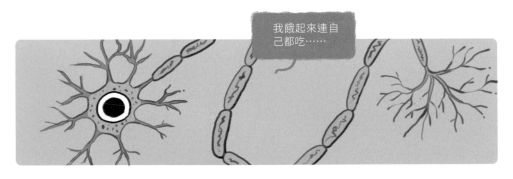

當你過度節食，下丘腦的神經元便開始吞噬自己的細胞器和蛋白質。

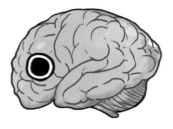

所以單純的節食減肥不但沒有效果，還會導致你的大腦"自食"。

①除了過度節食，睡眠不足也會導致大腦自我吞噬。

②大腦自我吞噬對青少年來說，會影響智力發育，對中老年人來說會增加患上阿茲海默症，即老年癡呆症的風險。

更多
冷知識

23. 即使切除了 75%，肝臟也能恢復原來大小

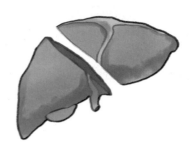

肝臟具有極強的恢復和再生能力，如果將肝臟切掉一半，
剩下的肝臟仍然可以正常工作。

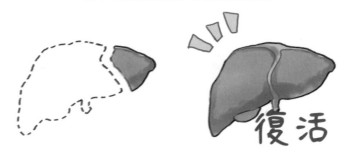

即使切除了整個肝臟的 75%，
肝臟也能夠完全恢復到原來的大小。

雖然肝臟細胞受損後可以再生，
但是平時也要積極保護肝臟哦！

更多
冷知識

人體的大多數器官具有有限度的恢復能力，但不能再生。皮膚破了會癒合、骨頭斷了也會癒合，
但都會留有瘢痕；胃如果被切除了一部分，剩餘的同質細胞會繼續分裂增長，但也不可能回到原
來的樣子。

24. 人體分泌腎上腺素的高峰

腎上腺素是腎上腺髓質分泌的一種激素，
能夠暫時刺激人的力量、反應力和思考力。

下午 6 點左右，是人體腎上腺素分泌的高峰期，
這時候是應付困難事情的最佳時間段哦！

生物學家研究發現，除了下午 6 點到 8 點，清晨起床後和入睡前一個小時也是大腦在一天中最適合進行學習的時間段，為了提高學習效率，要善於發現並充分利用自己的最佳時間段哦。

25. 我們不能把屁憋回去

屁，
是人體消化系統的產物，
是人體在消化過程中產生的氣體。
當屁累積到一定程度後，
無論如何都會找到出口出去。

不知道為什麼我的嘴很臭。

這是因為你憋屁了。

相信我，別憋著

如果憋著屁不放，
屁就會被腸壁吸收進入血液，
隨著血液進入全身循環。
這些氣體到達肺部，
最終伴隨呼吸，被呼出體外。

更多
冷知識

常常忍住不放屁，對身體非常不好。屁中含有的氮、二氧化碳、氫和甲烷等都是有害物質，如果憋著屁，這些有害物質無法排出體外，會被腸道粘膜重複吸收，出現胸悶、腹脹等症狀。

26. 人類在滿月前後，睡眠時間會變短

每逢月圓之夜，人們需要花費很長時間才會有睡意，
而且即使入睡了，也會睡得比較淺。

也許你內心
存在著狼人

不管我們有沒有注意到是否滿月，依然會受滿月的影響。

科學家稱這種現象為 "月循環時鐘"，取決於月亮循環的週期。

有科學家指出，人體中含有約 80% 的液體，類似于海洋，月球的引力會像引起海水潮汐那樣對
人體中的液體產生作用，引起生物潮。月亮對人的行為影響比較強烈，所以在月圓時人們容易激
動，刑事案件增加，精神病人啼哭者增加，失眠和精神緊張的人數倍增。

27.經常熬夜晚睡的人會更容易做惡夢

研究表示，
喜歡熬夜的 "夜貓子" 比習慣早睡早起的人更容易做惡夢。

更多
冷知識

①在對近 200 名 18 ～ 25 歲的研究對象的研究中，科學家發現，女性更容易做惡夢。

②我們一生中大概有三分之一的時間都在睡眠中度過，而睡眠中約五分之一的時間都被夢佔據。

28.我們永遠想不起夢境的開頭

我們永遠想不起夢境的開頭，

每一個夢都似乎是從故事的中間開始的，

然後又會在不知道什麼時候突然轉移情景，

醒來以後，夢的內容又大多無法記起。

①你在夢裡會夢見一些陌生的面孔，實際上出現在夢裡的陌生人都是遇到過的人。　②清醒夢是一種確實存在的現象，你可以意識到自己在做夢，甚至還可以控制你的夢。

29. 人類歷史直到 6000 年前才開始記錄

事實上，人類約 6000 年前才開始記錄歷史，
而人類的出現可以追溯到幾百萬年前。

這意味著，大約 97% 的人類歷史已經杳無蹤影，
我們只瞭解人類 3% 的歷史，其餘的可能已永遠失去了。

更多
冷知識

①英國考古學家伍萊的挖掘成果顯示，蘇美爾文明從 7000 年前發源，直至公元元年前後被最終廢棄。

②考古學家曾經以為古埃及的最高統領者個個都身材健美，實際上他們大部分都是大胖子。

30. 人的眼淚是一種特殊的藥

人的眼淚中含有一種特殊的蛋白質，
科學家稱之為"溶菌酶"，
它能破壞細菌的細胞壁，使細菌死亡。

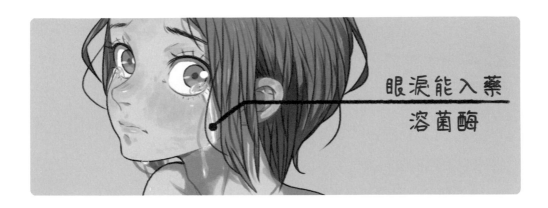

眼淚能入藥
溶菌酶

除此之外，
眼淚中某種蛋白質的功效類似於止痛藥。

眼淚君也是寶貝啦

①發自內心的眼淚能夠幫助我們恢復心理和
生理上的平衡，對健康有一定的好處。

②喜極而泣的眼淚含水分較多，味道偏淡；
悲傷時的眼淚含水分較少，味道偏鹹。

更多
冷知識

31. 琺瑯質的硬度

人身上最硬的地方是哪裡呢？
有人說骨頭，有人說指甲，
而真正的答案是牙齒！

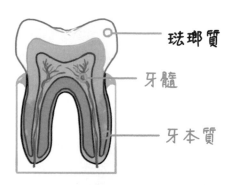

琺瑯質

牙髓

牙本質

不過並不是整個牙齒都一樣堅硬，
最硬的地方是牙齒表面的琺瑯質，其主要成分是羥基磷灰石。
按照莫氏硬度的標準，牙齒的硬度達到了 6 ～ 7 度，比不銹鋼還要高哦！

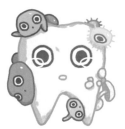

牙齒最怕酸性物質
和細菌的堆積

琺瑯質是不能再生的，一旦損傷便無法自行修復，
而牙髓是非常容易受傷的，
所以請一定要愛護牙齒！

更多
冷知識

①古語中，"牙"的本意指口腔後部的槽牙，"齒"本義指門牙。

②琺瑯質最怕的東西是酸，酸性環境會使琺瑯質脫鈣，進而傷害更深層的牙齒。

32. 人體內絕大多數細菌對人體無害

人體是被細菌覆蓋的，
但 99% 以上的都是無害也無益的細菌，
只有 1% 左右的細菌對人體起作用。

有些細菌在人體腸胃裡生長，
對人體健康具有正面作用，
例如乳酸菌、酵母菌和芽孢桿菌。

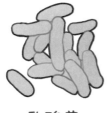　　

乳酸菌　　　　　酵母菌　　　　　芽孢桿菌

所以，其實沒必要太執著於身體 "殺菌"。

細菌們有多努力，你知道嗎？

①人類 =10% 人 +90% 細菌！成人體內有大約 100 萬億個細菌——大約是人體組織細胞的 10 倍。

②每個人出生時都是無菌的，直到 3 歲左右，孩子才能獲得和成人類似的常駐微生物。

更多冷知識

33. 人類是唯一能畫直線的動物

大自然充滿著各種各樣迷人的曲線，
完美的直線只存在於概念中，
大自然和人類以外的動物都不會去創造直線。

直線，只是人類試圖追求的完美。

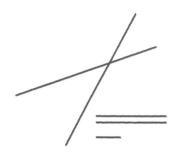

更多冷知識

①自然中能看到類似的直線，其實在重力的作用下，它都是歪向一處的曲線。

②生活中能看到的建築物、日用品、書本、紙筆等，都是人為的直線，大自然更偏好不規則曲線。

動物
animal

冷知識

34. 貓咪一生中三分之二的時間都在睡覺

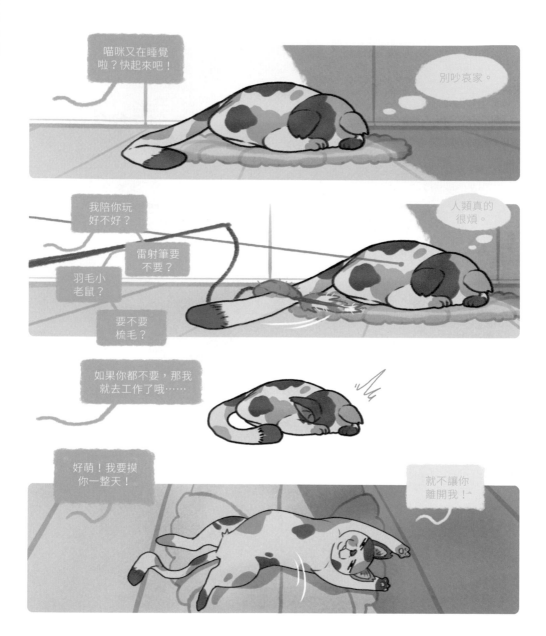

更多
冷知識

①貓可以發出大約 100 種不同的聲音,而狗只有大約 10 種。

②貓也會感受到人類的悲傷情緒,當主人不開心,它們會靠近並試圖陪伴。

35. 狗都是色盲，但他們並非全是色盲

研究顯示狗無法像人一樣分辨各種色彩。

人類視角

狗狗視角

狗能夠分辨深淺不同的藍、靛和紫色，
但是對於光譜中的紅、綠等高彩度色彩卻沒有特殊的感受力。

①每隻狗狗的鼻紋和人類的指紋一樣，都是獨一無二的。

②在狗狗的眼中，人類的動作其實是慢動作。人類一秒鐘的動作，在狗狗眼裡有四秒鐘。

36. 狗能聞得到人身上是否有癌症

研究顯示，狗的嗅覺靈敏度位居動物之首，
它們靈敏的嗅覺不僅體現在對氣味的敏感度上，
分辨氣味的能力更是人類的 1000 多倍，
可以分辨出大約 2 萬種不同的氣味。

最近我在主人身上聞到了讓我難過的氣味，

但是我不知道該怎麼做才能讓他明白。

於是，

我就一直這樣對著他

所以，主人身上若是出現了與平時不一樣的氣味，狗狗便會大為警惕。

義大利托斯卡尼區的一處軍犬訓練基地曾做過實驗，
讓 4 條軍犬通過嗅聞尿樣判斷主人是否患上癌症。
結果，它們不僅檢測出了前列腺癌、膀胱癌、腎癌、肺癌患者的尿液，
甚至還聞出了尚未確診的早期癌症的尿樣。

更多
冷知識

①狗狗的耳朵裡有 18 塊肌肉，所以它們的耳朵可以動來動去。

②狗狗會用一生愛自己的主人，無論主人貧窮或是富有，都始終如一，直到生命的終結。

37. 母貓往往喜歡用右爪，公貓通常是左撇子

貓咪和人類很像的一點在於，
母貓往往習慣使用右爪。

如人類的左撇子通常是男性一樣，
左撇子的通常是公貓。

逆時針睡覺的貓咪性格比較獨立

順時針睡覺的貓咪性格比較溫順

---

①貓沒有鎖骨，只要一隻貓的頭部可以通過
洞口，一般來說牠可以穿過這個洞口。

②如今世界上體型最大的純種貓是緬因貓，
它的平均體重可以達到 11.3 公斤，重量是貓
咪平均重量的兩倍。

更多
冷知識

38. 長頸鹿寶寶會上 "幼兒園"

長頸鹿寶寶平時會集中在一個類似 "幼兒園" 的地方。

每天都會有一隻成年的雌性長頸鹿負責照看這群長頸鹿寶寶，
看起來真的很像是在上幼兒園哦！

更多
冷知識

① "幼兒園" 一般位於一個小山丘上，負責管理這所長頸鹿幼兒園的成年長頸鹿每天都會輪流更換。

② 長頸鹿的舌頭有 50 釐米長，比你的前臂還長哦！除了能捲起食物，它們也用舌頭來清潔鼻孔和耳朵。

39. 小象寶寶有時候會吸吮他們的小象鼻

在小象不開心或者焦慮的時候，
它們會吸吮自己的小象鼻。

傷心到吃鼻子。

像小嬰兒吮手指一樣，以此來安慰自己。

感覺壓力好大喔

①大象重情義，它們會照顧象群中生病的成員，還會攙扶傷者、為牠們找食物、用象鼻餵水給牠們喝等。

②大象一生中只會長一副象牙，象牙不會自然脫落，盜獵者為了獲得象牙往往會殺掉大象。沒有買賣就沒有傷害，請不要購買象牙和象牙製品。

更多
冷知識

40. 袋熊的糞便是方形的

動物的糞便通常呈圓形，
但是袋熊的不一樣。

討厭，不要盯著
人家上廁所啦！

由於袋熊的腸道結構特殊，排泄物經過時受到腸道上溝槽的擠壓，
導致它們排出來的糞便是方形的。

據觀察，方形的糞便不易滾動，
袋熊們還會用它們來標記領地哦！

更多
冷知識

①袋熊以穴居生活為主，很擅長挖洞，它們棲居的洞穴比較大，洞的末端是臥室，用草和樹皮做鋪墊物。

②在袋熊萌萌的外表下，其實有著很強的攻擊性。當受到攻擊時，袋熊可是會激烈反抗的哦！

41. 企鵝會叼鵝卵石向女朋友求婚

①企鵝和人類一樣感情專一，大部分企鵝都是一夫一妻制。

②企鵝的祖先可是會飛的哦！但是它們在進化的過程中，在游泳和飛翔之間做出了抉擇，便逐漸失去了飛翔的能力。

更多
冷知識

42. 海獺會和同伴手牽著手一起睡覺

海獺們在海上睡覺的時候會手牽著手，
這是為了防止一覺醒來，

隨著海浪漂走失散。

更多冷知識

①海獺很聰明，它們是哺乳動物中除了靈長類動物之外，會使用工具的一種動物。

②海獺會把食物放在腋下的"口袋"裡，平時一邊平緩地仰泳，一邊掏出食物舒服地吃。

43. 獵豹的叫聲跟貓咪的差不多

哇嗚吼

在你的印象中，
獵豹的叫聲是不是和獅子老虎一樣，
是嘶吼的聲音呢？

喵喵喵
嗯嗯嗯

喵嗚

事實上，
獵豹叫起來的聲音和貓咪的一樣軟，
可溫柔了。

①獵豹是世界上跑得最快的陸地動物，它的奔跑時速最快可以達到時速 115 公里。

②我們都知道獵豹奔跑的速度非常快，但那只是它們瞬間爆發的速度，獵豹並不擅長持續運動。

更多 冷知識

44. 如果雌狐死去，她的伴侶將終身孤單

如果雌狐狸死去，
雄狐狸會選擇 "終身不娶"，
孤獨終老，但是……

如果雄狐狸死去，
雌狐狸會迅速找到下一任丈夫。

狐生苦短嘛

更多
冷知識　狐狸屬犬科，天生膽小，是夜行性動物。除了發情期會找伴侶，其餘時間狐狸都是獨身主義者。

45. 山羊擁有接近三百六十度的視角

山羊的眼睛外凸，瞳孔是方形的。

只要眼球轉動，便擁有幾乎無死角視野。

看到你了！

所以，不要在山羊身後嚇牠哦，牠看得見的⋯⋯

①山羊和綿羊，其實在分類上和人與猩猩的關係差不多。

②事實上，全球的牛羊打嗝和放屁所排放的甲烷等氣體也是造成全球變暖的一個重要因素。

更多
冷知識

46. 犰狳的殼比子彈還硬

曾有個美國人用左輪手槍射擊跑進他家院子的犰狳，
結果犰狳毫髮無傷，子彈還被犰狳的殼反彈。

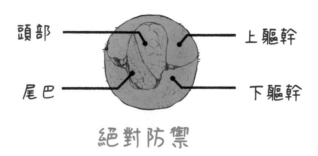

犰狳和穿山甲一樣，
在遇到危險時會把自己縮成一團。

更多
冷知識

醫學界曾經認為，麻瘋病只會在人類之間傳播，甚至人類需要反覆接觸麻風分支桿菌才會最終患病。而 2011 年美國研究人員認為大量證據顯示，人類可以透過犰狳感染上麻瘋病。而犰狳也是人類以外唯一已知的麻瘋分支桿菌自然宿主。

47. 無尾熊爲什麼總愛抱樹呢？

研究顯示，
無尾熊一直抱著樹的主要原因是散熱，
目的是將身體多餘的熱量散出。

這條大腿是我的

還有另一種說法是：
無尾熊的汗腺在胸前，
透過胸口留下自己的氣味，
表示這是自己佔據的領地。

①無尾熊也叫樹袋熊，屬有袋目動物，不過無尾熊的育兒袋在腹部，開口向下，和其他有袋目動物不同。

②無尾熊的育兒袋開口朝下，主要是為了方便無尾熊寶寶進食無尾熊媽媽從盲腸排出的一種半流質軟質食物，那對寶寶來說是極好的營養品。

48. 小鴨會把出生不久後看到的活動生物
當作自己的母親

小鴨子的這種行為被稱為印痕現象,

這一現象首先由英國自然主義者斯波爾丁在剛孵出的雛雞身上發現,
後來由奧地利動物學家勞倫茲用鴨子做實驗,驗證了這一事實。

更多
冷知識

①研究證明,鴨子的叫聲其實是有回音的, 但回音太小了,人們幾乎聽不到。

②鴨子平時會吞下河邊一些有稜角的石頭, 藉以碾碎體內消化不了的魚骨頭。

49. 松鼠因為記性不好而每年種下幾百顆樹

> 我的橡果埋在哪裡來著？

松鼠在秋天喜歡把橡果、松子等果實埋在地裡儲存起來，
以備過冬所需。

種樹小高手

但是因為它們記性很差，
經常想不起來果實埋在哪裡。
一個冬天過後，那些果實就發芽生長了。

50. 普度鹿是全世界體型最小的鹿

普度鹿是全世界體型最小的鹿，只比兔子大一丁點兒而已。

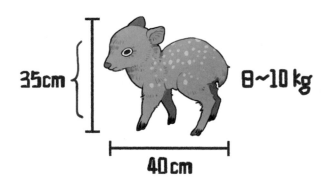

35cm　40cm　8~10kg

成年的普度鹿的體重最多也只達到 8 ～ 10 公斤，
肩高 35 公分左右。

更多
冷知識

①鼷鹿是中國偶蹄類動物中體型最小的一種，成年鼷鹿和家貓差不多大。

②鹿的角其實是有知覺的，哪怕是一隻蒼蠅停在角上，它都能感覺得到。

51. 千萬別欺負烏鴉，因為牠能記住你的臉

烏鴉是地球上最聰明的動物之一，
它能記住大約 150 張不同的臉。

如果你欺負了烏鴉，
牠會記得你的臉，
下次再遇到，
牠可是會報仇的。

①烏鴉的智商很高，會團隊合作，如果一隻烏鴉遇到危險，牠的同伴們會火速趕來救援。 ②烏鴉會報仇，但如果你經常餵牠，牠也會記得你是好人而想辦法報答你。

更多冷知識

52. 非洲灰鸚鵡是世界上最健談的鳥兒

大多數鸚鵡只能學會 50 字，
而非洲灰鸚鵡可以學會 800 多字，
而且非常健談。

非洲灰鸚鵡可以理解和模仿人類語言，
牠們甚至還可以模仿不同的動物叫聲來欺騙捕食者。

更多
冷知識

①鸚鵡不僅會學人說話，而且智商也很高，成年鸚鵡的智力相當於一個五六歲的小孩子。

②國外有一支死亡重金屬樂隊的主唱就是一隻愛唱歌的非洲灰鸚鵡，它的人氣可高了！

53. 紅鶴張嘴吃東西動的是上顎而不是下顎

其實紅鶴張嘴吃東西的時候，
下顎是固定不會動的，
動的只有上顎。

另外，
人們也把紅鶴視作自由火熱愛情的象徵。

①紅鶴的顏色是由它們吃的食物裡的蝦青素 決定的，比如海藻和蝦。 | ②雄雌紅鶴長得一樣，雄紅鶴會在交配的時 候爬到雌性的背上，這時候才能清楚看出牠 們的性別。

更多 冷知識

54. 海馬都是從海馬爸爸的肚子裡出生的

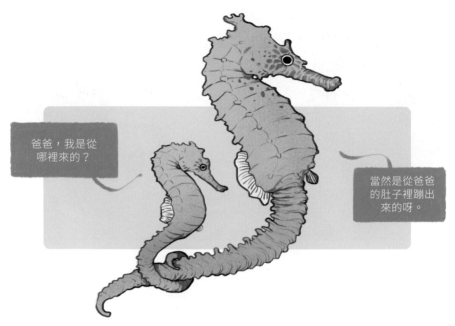

爸爸，我是從哪裡來的？

當然是從爸爸的肚子裡蹦出來的呀。

這並不是因為海馬是雌雄同體的生物，
而是孵化育兒的工作，是雄性海馬的責任。

快要生了
很緊張

雌性海馬會把卵產在雄性海馬的育兒袋中，
卵孵化後，
海馬寶寶就會從海馬爸爸的肚子裡出生。

更多冷知識

① 雄性海馬有育兒袋，而雌性海馬擁有類似雄性動物的生殖器官。

② 海馬也是一夫一妻制的動物，一夫一妻制在魚類當中是非常獨特的行為。

55.章魚的血其實是藍色的

血液的顏色取決於紅血球中金屬的含量，
章魚的血液中並沒有血紅素，但含有金屬銅的血藍蛋白，
所以它的血液是淡藍色的。

終於發現了嗎？人類

章魚有三萬組基因，是人類的三倍，
和同一綱目下的鸚鵡螺的基因之間具有極大的差別，
章魚基因出現的複雜特徵無法透過進化樹輕易追溯，
所以科學家懷疑章魚很有可能是來自外星的物種。

更多
冷知識

①章魚有三顆心臟，九個腦袋（一個主腦和八個腕足腦），每個腕足腦都可以單獨完成很多複雜的任務。

②章魚排出的墨汁會毒死自己，因此在海中他們會迅速逃離鬥毆現場以免自己中毒身亡。

56. 小丑魚可以轉換自己的性別

當一群小丑魚當中沒有雌性個體時，
部分雄性的小丑魚就會變成雌性。

爸爸以後就是
你們的媽媽了

如果小丑魚媽媽不幸去世，
小丑魚爸爸就會"變身"成能產卵的新任媽媽。

更多
冷知識

①海葵會攻擊大多數的魚類，但小丑魚身上的黏液和海葵的相似，海葵會誤以為它們是自己身體的一部分。

②還有很多生物具有性逆轉的能力，例如紅網魚、蝴蝶魚、劍尾魚和牡蠣等。

57. 海豚不僅有自己的語言也有自己的名字

海豚的智商非常高，
在某些程度上已經接近人類的智商。

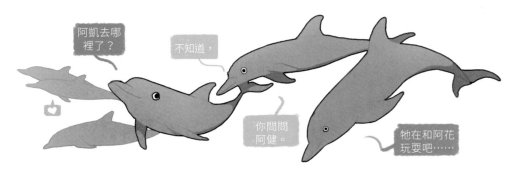

> 阿凱去哪裡了？
> 不知道，
> 你問問阿健。
> 牠在和阿花玩耍吧……

牠們不僅有自己的語言，
每一隻海豚都有自己的名字哦！

海豚對其他動物和人類也十分友善，
但人類卻把部分海豚關在海洋公園裡讓牠們進行表演。

更多
冷知識

①海豚有能力識別和欣賞鏡子中的自己，只有很少哺乳動物可以做到這一點。　②海豚也會溺水身亡，因為牠們是用肺部呼吸的。

58. 鯨魚的祖先原本是生活在陸地上的

想不到有一天我會
稱霸海洋

鯨魚原本是陸地生物，
鯨魚的祖先是曾經奔跑在陸地上披著皮毛的哺乳動物，
為了適應環境從陸生動物轉為水陸兩棲，

陸行鯨是最早的完全水生的鯨魚，
但他們仍然長有強壯的四肢，同時可以在陸地上行走。

陸行鯨

雖然陸行鯨只有現在雄性海獅的大小，
但是牠的後代藍鯨則進化成了迄今為止最大的哺乳動物，
也是現存最大的動物。

更多
冷知識

①藍鯨的體長可達到 40 米，體重更是達到了驚人的 200 噸左右，是目前已知的最大生物。

②科學家發現抹香鯨群會以垂直的狀態在海面下睡眠，像浮木一樣，其睡眠時間只有 6～24 分鐘左右。

59. 鯊魚擁有極強的抗病能力

鯊魚的壽命長達 70 ～ 100 年，
牠們對包括癌症在內的所有疾病都具有與生俱來的強大免疫能力。

相較於疾病，人類對魚翅的追求才是鯊魚生存的最大威脅。
人類為了獲得魚翅會將鯊魚的魚鰭割去，而失去魚鰭的鯊魚很快會死去。

没有買賣就没有傷害

而實際上，魚翅並不具備高營養價值，
而且魚翅內大都含有高濃度的水銀，對人的高級神經系統有害，
為什麼會含有水銀追根究底也是因為人類對海洋的污染。

①你可能以為大白鯊在海洋食物鏈的頂端，
但其實虎鯨是專門捕食大白鯊的，虎鯨才是
真正的頂級捕食者！

②鯊魚不吃海豚，其實是因為海豚的速度比
鯊魚快很多，而且戰鬥力也比鯊魚高！

60. 養寵物蟒蛇一定要注意的事

蛇的蹤影遍佈在世界各地的文化中，而在當今自然界裡，
蛇也是最成功的食肉動物群之一。

作為冷血動物的蛇，雖然記憶力極短，
不會像寵物貓狗那樣認主，但還是有不少人會將其作為寵物飼養。

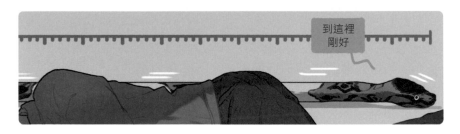

到這裡
剛好

而實際上，雖然出現過蟒蛇傷人並吞食人類的新聞，但那只是極少數情況。
如果家中的寵物蛇不吃不喝，還是儘快帶去看醫生吧。

確認過眼神，

是能吞下
的人。

更多
冷知識

①蟒蛇也是有腳的，只不過它的腳退化成了一塊鱗片大小的爪子。

②蟒蛇並非容易飼養的動物，平均壽命約 30-40 年，飼主需要付出長時間的心力、勞力與空間。如果無法提供適合蟒蛇的飼養環境，建議不要輕易飼養喔！

61. 河豚在受到驚嚇後會分泌大量毒素

河豚平時的樣子是這樣的。

它在受到驚嚇後會把自己鼓起來並分泌大量毒素。

如果毒素分泌過多，
這些毒素還會把河豚自己毒死。

他們說我生氣時
的樣子很美

①河豚的學名應為河魨，發音相同。因捕獲
出水時發出類似豬叫聲而得名河 " 豚 "。　②河豚肉質鮮美，但其體內所含毒素是一種
耐高溫的強力神經毒素，毒性非常強，處理
得當方可食用。

62. 烏龜可以用嘴呼吸也能用屁股呼吸

其實烏龜除了鼻孔，還能用屁股呼吸呢！

呼

一些烏龜的肛門部位長有滑囊，
滑囊可以舒張泄殖腔，
從水中獲得氧氣。

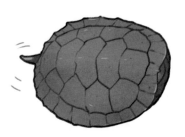

烏龜用屁股呼吸的方式用到的肌肉更少，
在冬季更節省能量，
所以它們在冬眠的時候基本都是用屁股呼吸的。

更多
冷知識

①烏龜長壽大家都知道，世界上最長壽的烏龜是一隻叫阿德維塔的亞達伯拉象龜，它活了整整 256 年。

②烏龜屬卵生生物，生蛋是烏龜排卵的一個過程，如果沒有交配，烏龜也會生下未受精的蛋。

63. 雌性蚊子吸血、雄性蚊子吸食花蜜植物汁

只有雌性蚊子需要血液來吸取營養用於發育卵巢，進行排卵。
所以平時叮咬你的蚊子，都是雌性蚊子。

雄性蚊的觸角上長著比母蚊更多的毛，
"開花"狀的下顎沒法刺入人的皮膚，

所以雄性蚊子只吸食植物的汁液，
一般不會騷擾人類。

①吸引蚊子的是人類排出的二氧化碳氣體，
還有臭襪子的氣味也會吸引蚊子……　②被蚊子叮咬後的紅腫發癢是蚊子留下的唾
液所導致的。

64. 雄螳螂交配後被吃掉不是心甘情願的

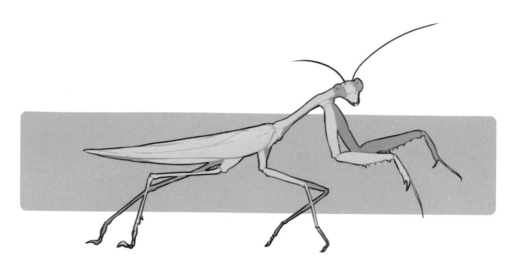

關於雄螳螂在交配之後被雌螳螂吃掉的原因，
有些學者認為這是因為被咬掉頭的雄螳螂失去了抑制機制，
雌螳螂便能充分受孕，同時可以補充營養，更好地孕育後代。

但也有研究表明，在面對饑餓的雌螳螂時，雄螳螂會更加警惕，
它們並不是心甘情願被吃掉的，所以不要把這種行為誤會是雄螳螂的父愛。

為了孩子，我考慮一下。

雌螳螂吃掉配偶的交配行為看似十分殘忍，
但也是大自然的選擇。

更多冷知識

①被吃掉的雄螳螂為雌螳螂貢獻了豐富的營養，而且還為後代提供了不可或缺的氨基酸。

②大多數人都不知道，螳螂的耳朵位於兩條腿中間。

65. 蝸牛可以不吃東西睡 3 年

我決定不吃東西了。

蝸牛的生命力非常頑強，
它們可以不吃任何食物，
在殼中生活三年。

無殼蝸牛海蝴蝶

我們熟知的蝸牛都是有殼的，而海蝴蝶則是已知的唯一沒有殼的蝸牛。
海蝴蝶生活在海水表層，在水中游來遊去的生活習性，
使它們的足逐漸演化成"翅膀"，看起來就像蝴蝶了。

①蝸牛大多是雌雄同體的，它們交配以後，可能兩隻蝸牛都會產卵。

②身為軟體動物的蝸牛看起來全身滑溜溜的，但其實它們擁有 26000 多顆牙齒，排列非常密集。

生活
life

66. 生活中最髒的日用品其實是刮鬍刀

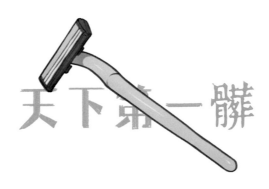

每個刮鬍刀的平均含菌量高達 120 萬個 / 平方公分，
是日常生活中最髒的。

第二名是口罩，
含菌量為 30 萬個 / 平方公分。

第三名是牙刷，
含菌量為 25 萬個 / 平方公分。

而通常被認為是最髒的馬桶，
含菌量為 10 萬個 / 平方公分，
並沒有想像中那麼髒呢。

①每次刷牙所接觸到的細菌量，約等於舔了 20 個馬桶蓋。

②拍打剛曬好的被子，會使被子的纖維斷裂，導致粉塵和塵蟎飛揚，引起過敏反應。

更多 冷知識

67. 覺得糖水不夠甜，加一點鹽就會更甜

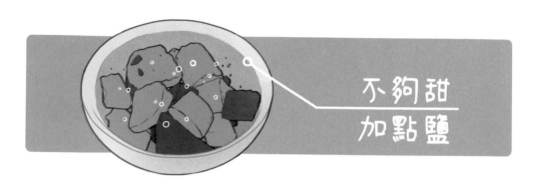

不夠甜
加點鹽

人的味覺有一種〝對比效應〞
十分奇妙
即一種味覺能增強另一種味覺。

在製作甜食時，
可以在加糖時加入少許鹽，
這樣能使點心變得更甜哦！

來一碗番薯鹽水

一般加的鹽不能超過糖的 5%，
不然就真的變鹹了。

更多
冷知識

①在酸味食物中加點鹽，會增強酸味；在鹹味食物中加點醋，能使食物更鹹。

②其實平時說的"往傷口撒鹽"並不是傻事，往傷口上撒鹽能夠為傷口殺菌，並讓血液更快凝固，但受傷了還是要盡快就醫。

68. 雞蛋要倒立著放更能保鮮

鈍端

尖端

想讓雞蛋保鮮期更久，
就要把雞蛋倒立著放，
並且鈍端要朝上。

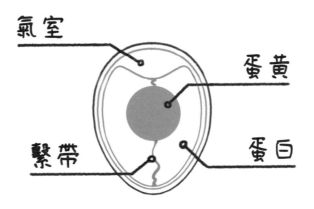

氣室

蛋黃

繫帶

蛋白

這樣放的原因是讓蛋黃靠近雞蛋的氣室，
不容易出現沾殼和散黃現象。

①最新鮮的雞蛋是會沉在水中的，最適合吃的雞蛋會立在水中，不好的雞蛋會浮在水面上。　②將雞蛋放在桌子上轉動，中途按一下然後鬆開，會繼續旋轉的就是生雞蛋，停下不動的就是熟雞蛋。

更多
冷知識

69. 五穀雜糧中的 "五穀" 都是哪些？

平常俗稱的 "五穀雜糧" 中的 "五穀" 在古代有多種不同說法，
最主要的有兩種：
一種指稻、黍、稷、麥、菽；
另一種指麻、黍、稷、麥、菽。
前者有稻無麻，後者有麻無稻。

稻，俗稱水稻、大米。

黍，俗稱黃米。

稷，又稱粟，俗稱小米。

麥，俗稱小麥，多用作製作麵粉。

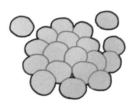

菽，俗稱大豆。

古代經濟文化中心最初在黃河流域，
而稻的主要產地在南方，北方種稻有限，
所以 "五穀" 中最初無稻。

更多
冷知識

①西方人不吃米飯主要是地理環境原因，歐美地區大多數都處於溫帶氣候，不適宜種植水稻。

②人在饑餓的時候會不知不覺加快進食的速度，恨不得把所有食物都塞進肚子裡。

70. 隔夜茶的冷妙用

放了一晚上的茶葉水，請不要倒掉。
隔夜茶水如果沒有變質，
是有很多功效和其他妙用的哦！

請不要說話

隔夜茶漱口可以除口臭。

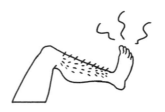

請不要脫襪

隔夜茶洗腳可以治腳氣。

熬夜三天了

隔夜茶可以消除黑眼圈。

叫我睫毛怪

隔夜茶可以增長眼睫毛。

萬能去汙劑

隔夜茶是強力清潔液。

愛的供養

隔夜茶還是天然肥料。

①其實喝隔夜茶對健康沒有太大影響，而且口感還會更好，但是隔夜茶有較多細菌，最好還是喝現泡的。

②中國是茶的發源地，但茶不是中國的專利。實際上，世界上有五十多個國家和地區都在種植和生產茶葉。

更多冷知識

71. 其實熱水比冷水能更快滅火

想用水來滅火時，
用熱水滅火比冷水效果更好。

*cold：冷的。　　　　　　　　　　　　　　*hot：熱的。

因為熱水噴灑在燃燒物上，能發揮冷卻的作用，
而且燃燒物周圍很快會被蒸氣所籠罩，使周圍氧氣減少。
而燃燒物一旦缺氧，火勢便會受到控制。

沸水的效果還會更好

研究表明，
沸水的滅火效果比冷水高出 10 倍左右。

更多
冷知識

①消防隊出動救援是不收費的，發現火災請一定要及時報警！

②如果發生火災需要逃生時，請一定要記住：穿著絲襪的女生要趕緊先脫掉，因為絲襪極度易燃。

72. 為什麼有 C 槽 D 槽卻沒有 A 槽和 B 槽？

為什麼電腦的硬碟是從 C 槽開始的呢？

其實早期的電腦也是有 A 槽和 B 槽的。

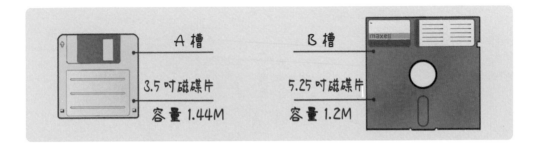

但隨著電腦資訊技術的快速發展，
容量更大速度更快的硬碟已經完全取代了軟碟。

時代在召喚我

如今，
我們熟悉的 USB 隨身碟取代的就是當時的 A 槽，
而 B 槽也早早就被淘汰了。

①目前 USB 隨身碟最大的容量是 2TB，但是價格昂貴，性價比不如行動硬碟。　②比 TB 更大的儲存單位，從小到大依次為：PB、EB、ZB、YB，最大的是 BB。

73. 麵包可以當作橡皮擦來使用

在鉛、炭筆字跡上，麵包也可以當做橡皮擦來使用。

雖然擦掉字跡的效果沒有橡皮擦好，
但是麵包有較強的吸附力，可以將字跡隨麵包屑擦去。

在橡皮擦發明之前，人們是用桿麵包來擦掉鉛筆字跡的。

更多
冷知識

①麵包能消除衣服上的油漬或口紅等，用新鮮白麵包輕輕擦拭污漬處，污漬即可消除。

②東南亞有一種麵包樹，果實呈球形，澱粉含量極高，烘烤蒸炸後，味道與麵包幾乎一模一樣。

74. 純天然的蜂蜜是幾乎不會變質的

純天然的蜂蜜中，糖的含量占總量的四分之三以上，
同時蜂蜜中的水分含量非常少，一般的細菌、微生物等難以生存。

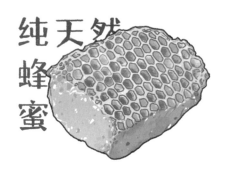

而引起食物變質的〝罪魁禍首〞就是微生物，
所以，純天然的蜂蜜在保存方法得當的情況下，幾乎不會變質。

抑菌素防護壁

此外，純天然蜂蜜中還含有 0.1% ～ 0.4% 的抑菌素，
也有利於長時間保存。

①不同於純天然蜂蜜，市面上銷售的蜂蜜都有保存期限。其保存期限的長短由蜂蜜的自然濃度和質量決定。

②除了蜂蜜，生活中常見的白酒、醋、糖和鹽在妥善保存的情況下都不容易變質。

75. 教你如何讀懂身分證號碼

身份證號碼的英文字和數字都是有規律的哦！

現在就來讀懂自己的身份證號碼吧！

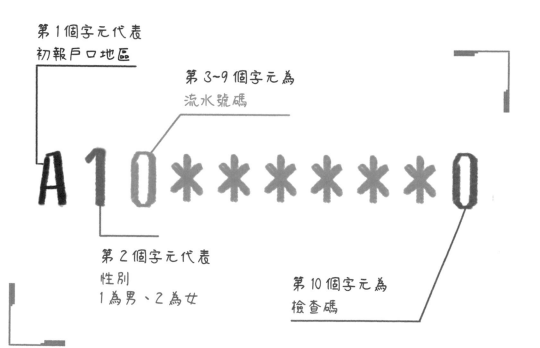

第 1 個字元代表
初報戶口地區

第 3~9 個字元為
流水號碼

A10*******0

第 2 個字元代表
性別
1 為男、2 為女

第 10 個字元為
檢查碼

更多
冷知識

① 2010.12.25 之後，部分縣市改制直轄市。臺中縣、臺南縣、高雄縣於縣市合併之後裁撤，原本的代碼 L、R、S 也停發，改制之後配發臺中市（B）、臺南市（D）、高雄市（E）之代碼。

76. 為什麼耳機線總是糾纏在一起？

生活中常發現耳機線總是會纏繞在一起，
這主要是由耳機線材質的特殊性決定的。

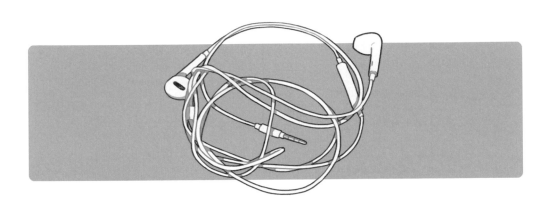

耳機線通常是包裹著熱塑彈性材料的金屬絲，
材質柔軟，容易前後左右彎曲，
這種物理特性使得耳機線極其容易纏繞在一起。

這樣就很舒服

耳機線的纏繞問題還有本質上的解決辦法，
那就是用更粗更有韌性的線材或者縮短耳機線的長度。

①戴耳機的壞處除了會影響你的聽覺功能，
還會導致你的耳屎數量以及耳朵中細菌數量
增多。

②實驗證明，選擇合適的音樂和溫和均勻的
白噪音，可以在工作學習時明顯提高專注力
和效率。

更多
冷知識

77. 原來鈔票也有直式的呢！

我們生活中用到的紙鈔大多是橫式設計，
直式的鈔票似乎非常罕見。
但其實世界各地還是有不少直式鈔票的。

瑞士法郎的紙幣上印著的都是音樂家、舞蹈家、雕塑家、詩人和歷史學家等等，
而且色彩豐富，印刷精美，文藝感十足！

除此之外，歐美的許多國家都發行過直式鈔票，
如英國的北愛爾蘭銀行曾發行過印有愛爾蘭野兔和
吉爾德玫瑰灌木的 10 英鎊直式鈔票，
加拿大央行新發行的 10 加元也採用了直式設計。

更多
冷知識

①其實，鈔票並不都是紙做的。例如新加坡的紙幣是用塑膠做的，大陸人民幣則是用大量的棉花
製作而成的。

78. 打火機比火柴更早被發明出來

1823 年，德國化學家在實驗室發明製造了世界上第一支打火機。

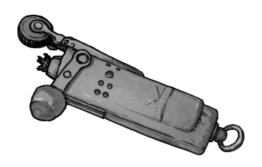

1826 年，英國人最早製作出了具有實用價值的火柴。

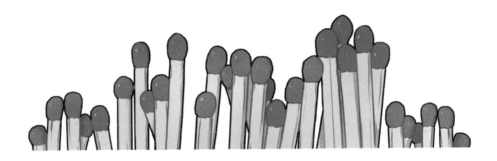

因為最初的打火機是玻璃製，易碎且體積較大不方便攜帶，
而火柴更方便攜帶而且更便宜，
所以火柴雖然是後來才發明的，但是比打火機更早普及。

①真正用於日常生活的火柴是在 18 世紀末的義大利生產的。

②有資料顯示，打火機裝置有可能是文藝復興大師達·文西設計的哦！

79. 視力檢查為什麼都是 E 字呢？

世界各地其實用著不同的視力檢查表。
美國現在還在沿用 "Snallen Chart（斯內倫視力表）"，
是由各種拉丁字母組成的，是最初版本的視力表。

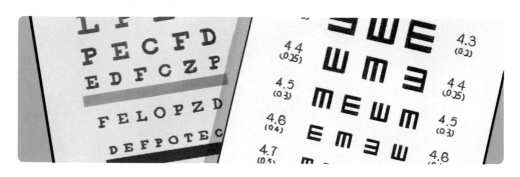

常見的 "E 表"，
主要是為了不認識拉丁字母的人，
而且對測試散光也有一定的幫助。

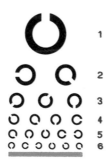

Landolt（蘭德特環形視力表），又常被叫做 "C 表"。
"C 表" 也是多國飛行員所採用的標準視力表。

①好視力的保持，要靠良好的用眼習慣。裸眼視力在 1.0 以上的，為正常視力，目前最好的視力是 2.0。

更多
冷知識

80. 最初的可樂其實是綠色的

可樂在最開始的時候是綠油油的。

因為可樂的發明者最初只想製作一種治療頭痛的藥劑，
而它是用一種綠色的藥汁熬製出來的。

我真的沒有
收廣告費

為了能夠開拓市場，讓可樂更好喝，
可樂的發明者決定往裡面加入焦糖色素。
於是，可樂的顏色就變成現在的深褐色。

①可口可樂的配方是獨一無二的，全世界只有三個人知道這個配方到底是什麼哦！　②全世界每天會售出 19 億瓶以上的可口可樂！但是，青少年朋友們請儘量少喝碳酸飲料哦！

81. 綠茶和紅茶其實不能一起泡

紅茶和綠茶的茶性是不一樣的，
前者性溫後者性寒，
所以兩者最好不要一起泡著喝。

依綠茶和紅茶的功效不同，
夏天最好選擇綠茶，冬天則多喝紅茶為好。

茶文化

如果冬天喝綠茶，容易傷脾胃，
夏天多喝紅茶則容易上火。

更多
冷知識

①其實無糖無鹽無脂的茶也是健康的飲品，補水效果也很好，並不只有白開水才是最好的。

②喝茶切忌太熱喝，不能太濃也不要過量，否則非但不能發揮茶的功效，還容易導致疾病。

82. 流鼻血時抬頭止血是不正確的

流鼻血時抬頭其實是錯誤的，
這樣會引起鼻血倒流，
導致噁心和不適甚至更嚴重的不良反應。

用手緊捏
鼻翼數分鐘

頭略向前傾

冰敷

此時應該採取局部壓迫法：
頭略向前傾，用手指緊捏鼻翼 5 ～ 10 分鐘，
用冷毛巾敷頭部或者頸後部，
直到鼻子不再出血為止。

用手指挖鼻孔很髒的

在乾燥的季節，可以透過幫鼻子補水的辦法來預防鼻出血，
同時多吃水果和蔬菜，而且不要用手去挖鼻孔哦！

①維生素 C、K、P 及部分微量元素缺乏時，
較容易發生流鼻血的情況。

②高舉手臂也可以止住鼻出血：左邊鼻孔流
血時舉起右手，右邊鼻孔流血時舉起左手。

83. 心形符號其實是 "美臀"

有人說心形符號和心臟形狀一樣，
所以平時我們會用 "比心" 來對心儀的對象示意。

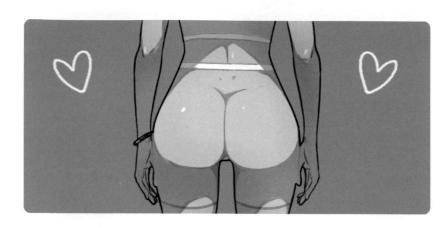

而另一種說法則是，
心形代表的是女性的美臀，
心形符號與倒過來的女性臀部的形狀也更為相似。

愛的比心

當然，平時我們使用心形符號都是表示我們的愛意啦！

更多冷知識

①芹菜的形狀像人體的骨骼，而芹菜中含有的矽和鈉，適量攝入會增強骨骼健康哦。

②核桃的形狀紋路都和大腦驚人的相似，核桃中含有大量的Ω-3脂肪酸，能幫助預防老年癡呆。

84. 常接吻可以減肥也會使你更長壽

接吻是情侶增進感情的一種方式，
對人類的身體健康也有一定的好處。

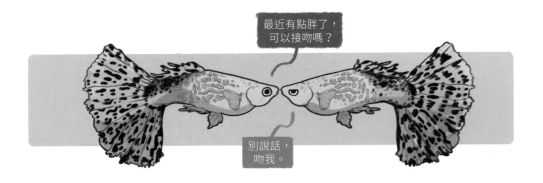

最近有點胖了，
可以接吻嗎？

別說話，
吻我。

在接吻時，
人的心跳會加快，血液循環隨之加快，
有利於促進體內脂肪的燃燒和消耗。

至於親我的話
還會有其他效果

經常接吻有助於心臟健康，促進血液循環，
不但能讓身體更健康，還會讓人心情愉悅，
所以說常接吻會讓人更長壽哦！

①接吻的過程中，雙方的唾液中含有對身體有利的物質，可以保護我們的牙齒，還能殺菌。

②口腔的細菌數量很多，每次接吻對於細菌來說等於是兩個星球的細菌在交換“居民”。

更多
冷知識

85. 如果睡覺怕冷，裸睡會讓你更暖和

如果在冬天睡覺怕冷的話，
裸睡其實會比穿衣服睡更暖和。

人體自身散發的熱量透過棉被與外界形成了一個保溫層，
因為沒有穿衣服所以不會有東西阻擋熱量循環，
因此裸睡會更加保暖。

睡得像豬一樣安穩

裸睡還能夠促進人體血液循環，
更容易進入深度睡眠狀態，睡眠品質會更好。

更多
冷知識

①失眠會打亂身體的疼痛信號系統，增加對
疼痛刺激的敏感度。

②世界上最長的無睡眠記錄是 18 天 21 小時
40 分鐘，但普通人無睡眠超過 4 天，就會出
現幻覺和錯覺等不良反應。

86.睡覺的房子越冷，作惡夢的可能性越大

我們知道做惡夢是因為睡得不安穩，
如果晚上大家可以安穩地睡著，是不會做夢的。

好冷

好可怕

當你睡覺時所處的環境不舒適，
或者很寒冷的時候，做惡夢的可能性就會變大。

空調溫度太低
很不環保哦

冬天睡覺嘗試裸睡，
夏天的話，開風扇比開空調更舒適哦。

①有科學家研究指出，智商更高的人睡覺時
更容易做夢。

②夢醒以後我們通常會忘記夢的內容，想記
錄夢的話，醒來的一瞬間馬上把夢寫下來是
最好的方法。

87. 不用檢測也知道哪一顆電池沒電了

生活中經常要用到電池，
有一個超級簡單的方法可以判斷電池是否還有電哦！

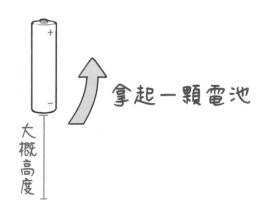

大概高度

拿起一顆電池

鬆手讓他往下掉

咚

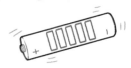

直接倒下的
是沒電的

站得穩的
是有電的

更多
冷知識

①電池不會使人觸電。一顆 3 號電池的電壓為 1.5 伏特，一般超過 36 伏特的電壓，才有使人觸電的危險。

②可以在皮包裡帶一個小的乾電池，如有衣服帶靜電，就把電池的正極在衣服上擦幾下，靜電就可以去掉啦！

88. 一張普通的紙最多只能折八次

一張普通的紙對折一次、兩次是很容易的，
但最多只能對折八次！

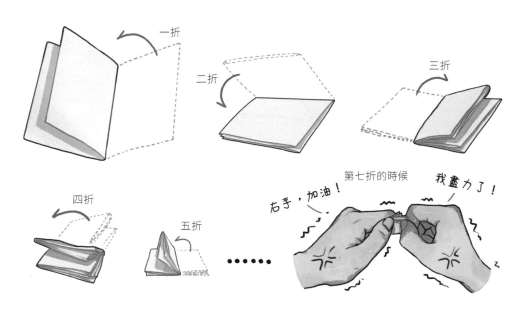

每增加一次對折，
紙的厚度都會成倍增加。

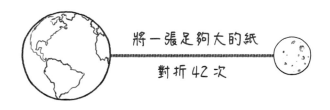

只需要對折 42 次，
厚度就能超過地球到月亮的距離（38 萬公里）。

①外國挑戰者曾經使用壓力機在高強度壓力下，成功將紙張對折了 12 次，但所使用的紙張已經破碎了。

②科學家做了一個推論：將一張足夠大的紙對折 103 次，其厚度就可以超過宇宙邊界。

89.開什麼顏色的車最安全？

曾有研究人員對車身顏色和車禍發生頻率的關連做過調查。

從視覺效果上來說，
淺色會讓人產生前進感和膨脹感，而深色系的車子則正好相反。
調查結果顯示，
淺色系車身比深色系車身更安全。

淺色系更安全哦

車禍發生頻率高低的車身顏色順序由高到低為：
黑色＞綠色＞褐色＞紅色＞藍色＞黃色＞白色＞灰色。

更多
冷知識

①大部分人以為黑色車耐髒，其實白色的車在視覺上比深色車更耐髒。

②經調查統計，全球最受歡迎的車身顏色為白色，其次為黑色。

90. 為什麼汽車的雨刷精是藍色的？

雨刷精，是汽車擋風玻璃清潔液的俗稱。

在汽車雨刷精中，
很多功效是添加化學添加劑而成的，
因此雨刷精有毒。

雨刷精
清晰亮潔
強力去汙

其實只是想透過
顏色告訴你
"我有毒，請小心使用"

將液體變成藍色其實就是為了提醒人們，
雨刷精有毒！

答應我不要加錯位置

同時也有綠色的雨刷精。

①有專為冬季使用而設計的防凍型雨刷精，能保證在外界氣溫低於零下20℃時，依舊不會結冰凍壞汽車設備。　②水相對於雨刷精來說，潤滑性較差，擋風玻璃有被刮壞的危險，若非緊急情況，不建議用水來代替雨刷精。

91. 其實高速公路都是彎曲的

為了減少交通事故，
防止司機駕駛疲勞，
高速公路的設計基本上都是彎曲的。

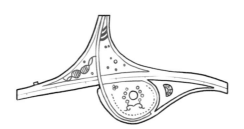

彎路不可能開快車哦

因為直路會讓司機不自覺地加快速度，
所以直線路段不能過長，
把路修得不那麼直，
司機行駛時就不得不減速，
這樣就有效減少事故的發生。

更多
冷知識　高速公路在凌晨到早上的事故發生率是最高的，這一時段駕駛人疲勞駕駛現象增多，容易發生事故。

92.心理學家認為：養貓者通常不愛交際

喜歡養什麼樣的寵物，也代表著主人的性格。
心理學家認為，通常養貓的人會比較孤僻和獨立。

養狗的會希望別人服從。

養鳥者很健談喜歡交友。

養龜者的生活很有條理。

養蛇者則善應變反應快。

①主人每次出門上班，這期間狗狗會以為自己被拋棄，所以每次在主人出門時都會弄出一些吸引主人的事情。

②貓和其他貓在一起的時候，大多數是透過氣味和姿態來交流，喵喵的叫聲是和人類交流才有的行為。

93. 地震時室內的 "活命三角區" 是哪裏？

如果在發生地震時無法逃出室外，
可以嘗試找能構成三角區的空間來進行躲避。

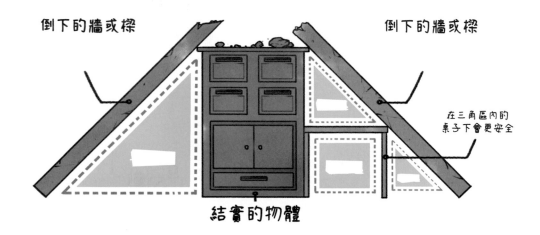

倒下的牆或樑

倒下的牆或樑

在三角區內的
桌子下會更安全

結實的物體

無論遇到的是輕微地震，還是強度更高的地震，
馬上蹲下，尋找掩護，並且抓穩物體，
這樣會有效減少在地震中受到傷害的風險。

蹲下　　　掩護　　　抓穩

如果有時間和逃生條件的話請儘快逃出危險區域！

更多
冷知識

①發生突發事件的時候要發訊息而不是打電話，訊息比電話更容易送達。

②發生地震時如果身處戶外，要馬上找到一個空曠的地方，趴在地上，待在那裡直到震動停止。

94. 在野外該怎麼分辨方向？

在野外迷失方向時，千萬不要驚慌，
保持冷靜的心態利用身邊的事物判斷方向。

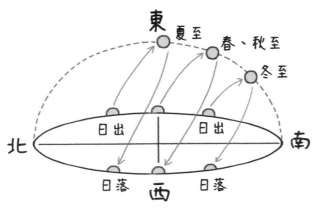

太陽和月亮的東升西落，是識別方向最好和最簡單的方法。

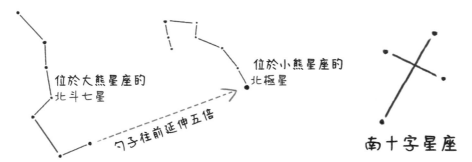

在晴朗的夜裡，從北斗七星找到北極星，就找到了正北方。
從南十字星座也可以方便地找到正南方。

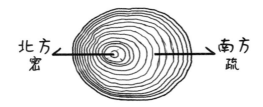

也可以透過樹樁來判斷，樹樁年輪稀疏的一面是南方，
相反，緊密的一面是北方。

95. 在野外該如何找到水源？

如果你身處野外，
身邊卻一點兒水都沒有，
就必須透過觀察去找到水源。

山腳下、低窪處、雨水集中處，
通常能找到水源。

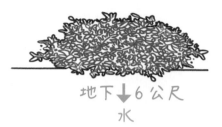

地表植物長有灌木的，
一般地下 6 公尺處能挖到水。

**發現鹿的附近
必然有水源**

食草性動物不可能離水源太遠。

**聽到蛙叫可以
循著聲源找到水源**

青蛙、螞蟻和蝸牛居住的地方也有水。

收集露水也可以緩解燃眉之急。

從蘆薈、仙人掌及其果實中獲取水分。

更多冷知識

①找到水源後，想辦法淨化水源也同樣重要，淨水藥片是方便的選擇，也可以加入白醋，然後靜置半小時。

②所有的生物都離不開水，人當然也不例外。人不吃食物可以活三週，如果沒有水，三天也活不下去。

94. 在野外哪些昆蟲和植物可以吃？

在野外遭困時，有些昆蟲和植物可以成為我們的食物。
在不瞭解和不確定 "緊急食材" 是否有毒的情況下，
以下幾種動植物可以做為暫時果腹的食物。

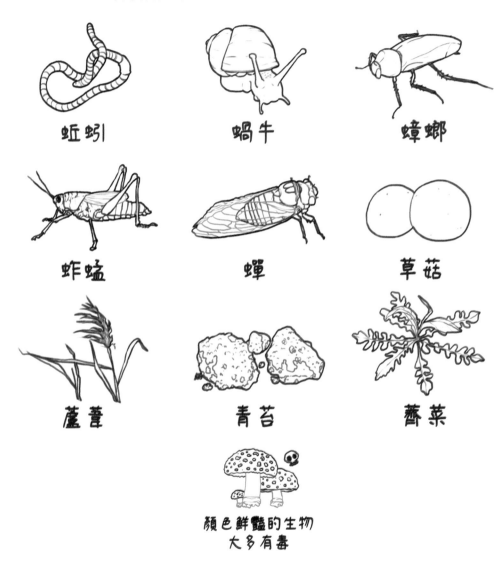

蚯蚓　　　　蝸牛　　　　蟑螂

蚱蜢　　　　蟬　　　　草菇

蘆葦　　　　青苔　　　　蕎菜

顏色鮮豔的生物
大多有毒

①在食用野生昆蟲前，需要將昆蟲煮熟或烤透，這樣可以避免昆蟲體內的寄生蟲對人體造成傷害。

②如果身上有鹽，可以把鹽灑在割開小口子的植物上，如果開口部分變色，那麼這株植物就一定有毒性！

科技

technology

冷知識

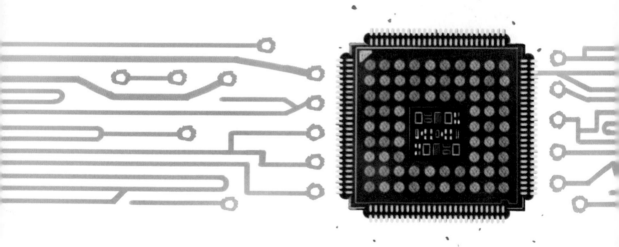

97. 理論上 5G 比 4G 快 100 倍

5G 晶片理論上可以讓手機的下載速率高達 10Gbps，
這個速率將遠遠超過現在的 4G 手機，達到前所未有的新高度。

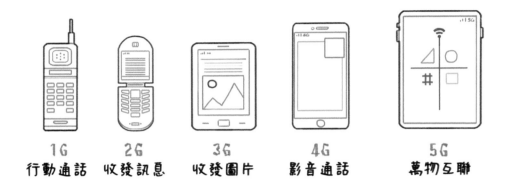

5G 理論上能達到的速度將會比 4G 快 100 倍。

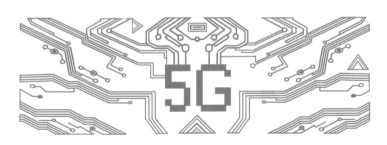

5G 即將改變世界

5G 時代的到來將為人們的生活帶來巨大的改變，一起期待吧！

①在使用 5G 網路的時候，我們只需要更換一支能支援 5G 的手機，不需要更換手機 SIM 卡。　②如果 5G 網速夠快的話，我們或許可以實現科幻電影裡出現的同步立體投影通訊。

98. 網際網路到底有多大？

網際網路的世界大到無法想像。

雖然看起來像是一句廢話，
但是平均每天增加一億個頁面的網際網路，
其內容之多的確超越了人類的想像。

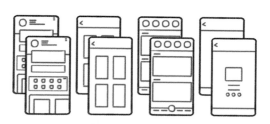

整個網際網路粗略
估計有幾百萬億個頁面

在網際網路還沒有爆炸的年代，英特爾網上的數據量就能繞太陽數千萬兆兆圈了。
在網際網路爆炸以後，人們開始計算數據量能繞太陽系多少圈了。

更多
冷知識

① Google 公司宣稱能夠儲存一萬億個頁面，而網際網路的數據量比這個數字大了不止100倍。

②使用者訪問一個網站時，如果等待網頁打開的時間超過 8 秒，會有超過 70% 的用戶放棄等待。

99. 網址上的 www 到底是什麼？

平時常見的網址都以 "www" 作為開頭，它到底代表什麼？

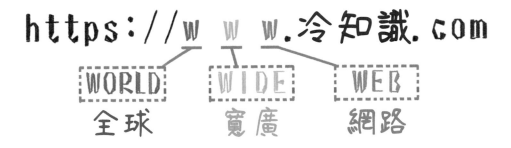

其實 "www" 是 "World Wide Web（全球資訊網路）" 的縮寫，
也可以簡稱為。

全球資訊網指的是在網際網路上，
用來儲存資訊（如網頁和文件）的空間。

①世界上第一位程式設計師是女性。　②世界上第一個網站在 1991 年 8 月 6 日正式
開通，該網站解釋了什麼是全球資訊網路，
以及如何使用網頁瀏覽器等內容。

100. 網際網路有一條定律叫坎寧安定律

坎寧安定律：
在網際網路上得到正確答案的最佳方法不是去提問，
而是發佈一個錯誤的答案。

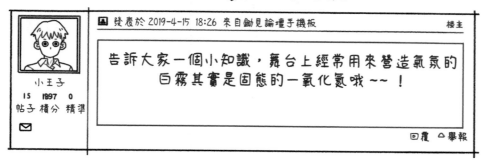

Gunningham's Law

當你在論壇發佈了一個錯誤的觀點，
馬上就會有人回覆並指出你的錯誤。

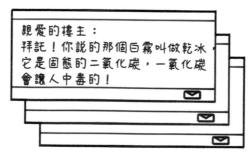

不信的話可以試試哦

然後就能得到你想知道的正確答案啦！

更多
冷知識

① "一個人平均每年在睡覺時會吞掉 8 隻蜘蛛" 其實是一條故意發佈的謠言，卻有很多人相信了。

②這條定律是以沃德·坎寧安的名字來命名的，沃德·坎寧安是第一個維基平台的發明者。維基平台是指供用戶自行創作，修改網頁內容的平台。

101.VR 目前最大的瓶頸是內容的真實性

VR 即是虛擬實境技術，
旨在用電腦模擬虛擬實境的方式，讓人體驗不同的場景，
最終目標是要讓佩戴設備的人相信眼前所看到的就是真實的景象。

如何提高所看到內容的真實性便是 VR 設備最大的難題。
發展至今，VR 要製作接近現實情景內容的難度和成本都非常高。

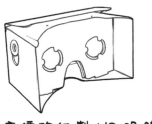

廉價的紙製 VR 眼鏡

目前要實現 VR 的最終目標，
最大的瓶頸就是片源，也就是內容的真實性。

①除了 VR 和 AR（擴增實境），還有一種技術叫 MR（混合實境），它的目的是讓你分不清到底是在現實世界還是在虛擬世界。　②在佩戴 VR 眼鏡的時候，人眼的焦距是自然放鬆的，雖然螢幕距離眼睛很近，但並不會造成近視。

更多
冷知識

102. 駭客可以透過 wifi 輕鬆入侵你家的網路

駭客如果連接了你家的 WiFi（無線網絡），
他便可以輕鬆得知你的所有帳號密碼和個人隱私。

相對地，如果你連接了駭客所設置的陷阱 WiFi，
你的個人資料同樣會被一覽無遺。

免費 ＋ 無密碼 = 危險

所以，請不要在公共場合輕易連接陌生的未加密 WiFi，
如果一定要連接，也儘量不要在這種情況下進行網銀或網購等涉及財產的操作。

更多
冷知識

①如果發現陌生的免費 WiFi，在確定安全性之前，請不要隨意連接。

②駭客基本上不會使用滑鼠，因為在他們熟練高速的操作下，滑鼠的速度顯得太慢了。

103. 點擊滑鼠 1000 萬次可以消耗 1 卡路里的熱量

教你一個另類的減肥方法！

只要連續點擊滑鼠 1000 萬次，就可以消耗掉 1 卡路里的熱量！

滑鼠減肥法
適合你嗎？

可能要按壞很多個滑鼠才可以達成。

更多
冷知識

104. 如果把滑鼠游標"正"過來會怎樣？

如果仔細觀察的話會發現，我們每天看見的滑鼠游標，其實是不對稱的。

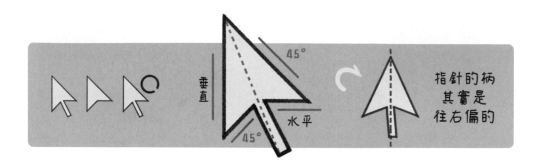

因為早期的游標邊緣沒有鋸齒加上下面的柄後，
如果柄往右傾斜，邊緣看起來會更好看。

而指針右邊的短線是水平的，
這樣又能保證用戶的視覺感受不會過於傾斜。

放大後的指針
是這樣的喔

這樣的設計在指針傾斜 45°時，
在視覺上顯得較為勻稱和舒適。

更多
冷知識

①其實操作電腦可以完全不用滑鼠哦！透過鍵盤就可以完成所有的操作，不過對於普通人來說，用滑鼠操作會較為方便。

②使用完電腦後的正確操作應該是讓電腦休眠而不是直接關機，需要更新的時候才將電腦關機。

105. 鍵盤上打亂順序的英文字母可以讓你打字速度更快

為什麼鍵盤上的英文字母分布是亂的呢？
其實鍵盤的前身打字機就是按照英文字母的順序分布的。

但是當打字機輸入過快時，相鄰的鍵就會撞在一起發生卡鍵，
所以將字母的順序打亂就可以降低打字時發生的卡鍵問題。

後來經過實踐改良，就形成了現在 "QWERT" 的字母分布方式。

當初的打字機
演變成現在的鍵盤

如今的鍵盤布局其實是根據使用頻率，將按鍵分配給了不同的手指，
這樣能大大增加打字的速度。

①在刪除文件的時候，如果同時按住 "Shift" 鍵，文件可以不經過資源回收桶直接永久刪除，所以要慎用哦。

②如果不小心把水撒到電腦上，請馬上強制關機，然後把水弄乾，這樣電腦或許還有救，不至於報廢。

更多
冷知識

106. 新手機第一次充電不一定要十多個小時

如今的電子產品早已不用鎳鎘電池，全部換成了鋰電池。
鋰電池並沒有所謂的"記憶效應"。

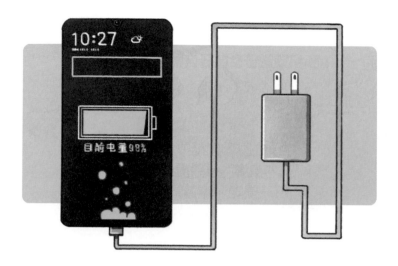

而且現在的電子產品都會在設備充滿電後自動切斷電源，
所以第一次充電充得再久也沒有意義。

曾 經 的 王 者
舊款的鎳鎘類電池手機

舊款手機的確建議在第一次充電時充上十幾個小時。

更多冷知識

①手機充電最好的方式是一有機會就充電，每次補充一點電量。"少量多次"的充電才不會損害電池。

②手機輻射最強的時候其實是剛剛接通的一瞬間，按下接聽鍵的瞬間將手機遠離耳朵，能有效減少輻射。

107. 手機真的隨時可能爆炸嗎？

假如你使用的是劣質充電器和非原裝電池，
的確有可能會導致手機發生爆炸。

"手機炸彈"的合成路徑：

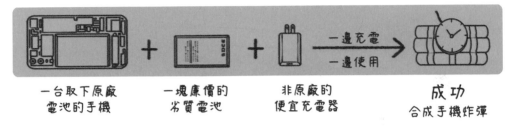

一台取下原廠　　　一塊廉價的　　　非原廠的　　　　成功
電池的手機　　　　劣質電池　　　　便宜充電器　　合成手機炸彈

　　　　　　　　　　　　　　　一邊充電
　　　　　　　　　　　　　　　一邊使用

當然現在的電池是不會輕易爆炸的，
但是也一定要詳閱手機說明書後使用。

一般手機爆炸
也是因為劣質電池爆炸

如果你發現手機溫度過高，建議馬上停止使用。
謹慎起見，也最好不要一邊充電一邊玩手機哦！

更多
冷知識

①在手機電池充滿電之前，拔下充電器，讓　｜　②行動電源就是外接的備用電池，如果使用
電量維持在 65% ～ 75% 是最好的。　　　　｜　品質不佳的行動電源也是很危險的哦！

108. 判斷人工智慧 AI 的考試—圖靈測試

圖靈測試是指觀察者與被測試者（即一個人和一台機器）分別隔開的情況下，
透過一些方式，比如文字交流隨意進行聊天。

觀察者不斷提出各種問題，
從而辨別被測試者是人還是機器。

你是人類還是人工智慧？
：好直接喔，我當然是人類
那你平時有什麼興趣愛好？
：我喜歡看電影和運動
你能背圓周率嗎？
：3.14159……

請用一句話證明你不是機器人
：那你用一句話證明你是人類吧！
你平常喜歡吃什麼？
：我比較喜歡吃漢堡
我懷疑你是機器人。哈哈
：請相信我好嗎？

經過多次測試後，
如果有超過 30% 的觀察者不能判斷出被測試者是人還是機器，
那麼這台機器就通過測試，被認為具有人工智慧。

弱人工智慧階段
基本沒辦法通過測試

更多
冷知識

①人工智慧也分等級，弱人工智慧目前已被廣泛應用，而強人工智慧則離我們還很遠。

②試想會不會有人工智慧撒謊，故意不通過圖靈測試來掩飾自己的能力呢？如果真是這樣就太恐怖了！

109. 超人工智慧到底是什麼？

人工智慧的概念很寬，所以人工智慧也分很多種，
我們按照人工智慧的實力將它們分成三大類。

AlphaGo

弱人工智慧　　　強人工智慧　　　超人工智慧

弱人工智慧是擅長於單方面的人工智慧，
比如能戰勝圍棋世界冠軍的人工智慧 Alpha Go；

強人工智慧是指在各方面都能和人類相當的人工智慧，
人類能做得到的它都能完成；

而超人工智慧則是在所有領域都比人類聰明得多，
超人工智慧有可能會是超越人類智慧的存在。

超人工智慧將會是
人類的最後一項發明？

①如今人工智慧的發展快得讓人難以置信，
也許很快便能創造出超人工智慧，但人類真
的期待那一天的到來嗎？

②針對數百位科學家的問卷調查顯示，他們
認為強人工智慧出現的時間將會是 2040 年，
最晚也會在 2075 年。

更多冷知識

110. 人工智慧會引發第四次工業革命

社會在不斷發展，
每一次的技術革命都對人類的發展產生了巨大且不可替代的重要影響。

第一次工業革命
蒸氣**技術時代**

第二次工業革命
電力**技術時代**

第三次工業革命
資訊科技**技術時代**

社會在發展的進程中，曾經經歷過三次工業革命。

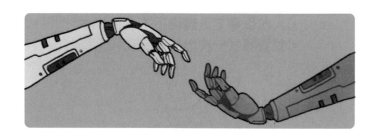

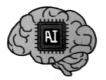

**21 世紀
是人工智慧的時代**

21 世紀，以人工智慧為代表的"第四次工業革命"已經來到，
人工智慧會是未來 20 年內最重要的技術趨勢。

更多
冷知識

①可能引起"第四次工業革命"的技術還有機器人技術、虛擬實境、量子資訊技術、可控核聚變和潔淨能源等等。

②世界上第一台可編程機器人誕生於 1954 年。

111. 史上首位得到公民身分的機器人

2017 年 10 月 25 日
一款名叫索菲亞的機器人獲得了沙烏地阿拉伯公民身份。

我叫索菲亞。

是的，我會毀
滅人類。

索菲亞看起來就像人類女性，
它那擁有細緻毛孔的橡膠皮膚，
還能夠表現出超過 62 種的面部表情。
而且它會隨著時間變得越來越聰明。

但很遺憾，索菲亞並沒有通過圖靈測試。

①聊天機器人 "尤金·古斯特曼" 冒充一個
13 歲烏克蘭男孩騙過了 33% 的評委，"通過"
了圖靈測試。

②人工智能對貓的識別準確率大於對狗的準
確率，這是因為網際網路上貓的圖片數量遠
遠大於狗的圖片數量。

112. 艾西莫夫的機器人三定律

機器人三定律，是 1940 年由科幻作家艾西莫夫所提出的，
目的是為了保護人類，而對機器人做出的規定。

第一定律：機器人不得傷害人類，或看到人類受到傷害時袖手旁觀。

第二定律：機器人必須服從人類的命令，除非這條命令與第一條相矛盾。

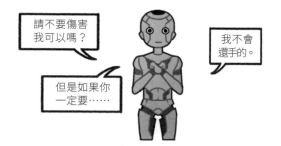

第三定律：機器人必須保護自己，除非這種保護與以上兩條相矛盾。

後來為了強化機器人三定律，還增加了一條第零定律。

第零定律：機器人不得傷害人類，或者因不作為致使人類整體受到傷害。

更多
冷知識

①還有人認為，必須再增加一條定律：機器人在任何情況下都必須確認自己是機器人。

②還有一條定律被命名為"繁殖定律"：機器人不得參與機器人的設計和製造，除非新機器人的行為符合機器人三定律。

113. 黑盒子其實不是黑色的盒子

黑盒子是電子飛行記錄儀的俗稱。

很多人都以為飛機的黑盒子是黑色的。
其實黑盒子一般都是橙色或者紅色這種鮮豔帶反光的顏色，
目的是為了能在大部分環境下都顯得特別顯眼，
人們可以在飛機失事後用最短的時間找到它們。

黑盒子有三到四個
通常會在機頭機尾

雖然黑盒子很堅硬，
但因為空難發生的情況都非常複雜，
所以黑盒子不見得能百分百找到回收。

①飛機發生意外時，是不能跳傘逃生的，因為若從飛機的出口跳出，很有可能會被吸進發動機。

②在天上的飛機是相對安全的，現代飛機失事有 80% 是發生在起飛和降落階段。

114. 賽車竟然沒有配備安全氣囊

現代汽車的安全氣囊裝備率越來越高，
但是在追求最高時速的賽車運動中，
賽車其實是沒有安全氣囊的。

六點式安全帶
安全係數會更高

因為賽車採用的是六點式安全帶，
足夠把車手安全地"綁"在車架上，
安全氣囊的彈出反而會妨礙車手逃生。

更多
冷知識

①考慮到舒適性和成本，家用車的安全帶是 三點式的，如果換成六點式的安全帶，安全 係數會更高。

②安全氣囊的有效期比汽車本身要短，一般 六年就要到專門的檢測中心維護一次。

115. 潛水艇為什麼可以浮沈自如？

潛水艇其實是透過改變潛艇自身的重量來控制浮沈的。

潛水艇有多個蓄水艙，當潛艇要下潛時就往蓄水艙中注水，
當潛艇重量增加超過它的排水量，潛艇就會下潛。

反之，用壓縮空氣將蓄水艙的水排出，潛艇就能往上浮起來。

仿生海豚的小型潛水艇

潛水艇是人類根據仿生學的原理發明。

①潛水中的潛水艇是透過安裝在艙內的石英鐘表來判斷白天黑夜的。　②潛水艇是在 1624 年首次被製造出來的，在美國獨立戰爭中首次用於軍事行動。

116. 被"復活"的豬腦

現今科學對死亡的定義是腦死，即大腦功能喪失且不可逆。
但科學家最近卻把一隻豬的大腦"復活"了。

謝謝你們將我復活……

重生了。

雖然沒有證據顯示復活的豬腦存在意識、認知等腦功能，
但的確恢復了其腦循環和部分細胞功能的系統，
使豬腦回到具備"生命"特徵狀態長達 36 小時。

實驗再次引發了人們對 "缸中之腦"的幻想

"死亡"會被重新定義嗎？這次實驗會模糊生與死的界限嗎？

更多
冷知識

① "缸中之腦"即是將大腦放進一個裝有營養液的缸中，神經末梢連接到電腦上，使其感受一切完全正常的幻覺。

② 豬腦和人腦的內部構造和形態都是不一樣的，但其實豬還是挺聰明的，在動物裡面智商能排到前十。

117. 人腦思想的複製和轉移

人腦裡的訊息總和是否就是所謂的靈魂呢？
科學家們正在努力想 " 提取 " 出人類的靈魂。

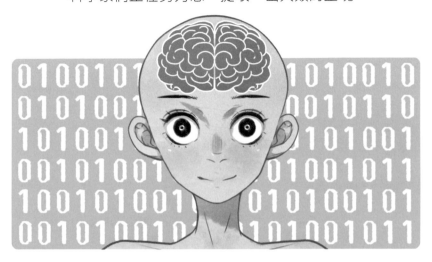

未來或許可以通過奈米技術將人類大腦中所有的訊息數字化，
訊息化後的電腦可以複製並傳輸到電腦（機器人）中，

我是擁有肉體
的人工智能。

我是將意識輸
進機器的人類。

到了那個時候，人類和人工智能的界線是否會變得更加模糊？

①曾有科學家在一條角鯊的大腦中植入一個
電子元件，成功影響了鯊魚的行為。

②未來人們學習知識的方法可能是透過在大
腦植入晶片來完成。

更多
冷知識

118. 曾在地球生活過的人類高達 1155 億人

現在地球上生活著超過 75 億人，
如果把那些曾經生活在地球上的人也算上的話，
這個數字會是多少呢？

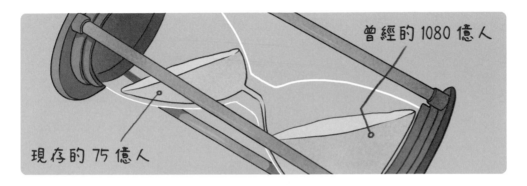

曾經的 1080 億人

現存的 75 億人

從最早期的人類開始算起的話，
曾在地球上存在的人類高達 1155 億，
包括現在的 75 億。

原始人平均壽命
不超過 30 歲

①每年，全球都有 1.5 億新生人口，平均每　　②全球每年死去的人口有 5700 萬。
秒就出生 5 個。

119. 全球三大人種目前最新的人口比例是多少？

常見的人種分類為三種，分別是白種人、黃種人和黑種人。

其中目前白種人占 43%，黃種人占 41%，黑種人占 16%。

最近也有新的理論提出，
除了三大人種，還應將大洋洲棕種人列為第四大類。

最近科學家還發現
有藍色皮膚的人種

更多
冷知識

①人類膚色發生差異，在至少 90 萬年前就開始了。

②不得不承認的是，因為基因遺傳和氣候原因，全世界各個種族的人膚色都會越來越黑。

120. 古埃及在建造金字塔的時候，
猛獁象還沒滅絕

這是一個會讓人產生時間錯亂感的冷知識。

公元前 2660 年，
當埃及人建造第一座金字塔的時候，毛茸茸的猛獁象還活著，
而劍齒虎在那之前就已經滅絕了。

熊貓和猛獁象、劍齒虎是同一個時代的動物，
在電影《冰河時代》裡看到的生物，都是熊貓的老朋友哦！

更多
冷知識

①大多數猛獁象死於一萬多年前，但有一小部分活到了公元前 1650 年，那時候正值古埃及王朝中期。

②老虎與劍齒虎，大象與猛獁象，前者都不是由後者進化而來的，而是由共同祖先進化成的兩個分支。

121.古埃及裏的聖甲蟲原來是這種蟲

在一些探索古埃及文明的影視作品裡，"聖甲蟲"頻頻出現。
古埃及人認為聖甲蟲擁有堅持、無畏、勇敢和勤勞的精神，
是牠們為世界帶來了光明和希望。

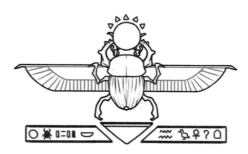

推糞蟲推糞球就像是
推著一個太陽前進

而聖甲蟲，學名為蜣螂，
也就是通常所說的糞金龜或推糞蟲了！

聖甲蟲 = 蜣螂 = 推糞蟲（糞金龜）

更多
冷知識

①蜣螂也會挑食，挑食的原因大多是因為地域環境問題，像習慣了袋鼠和無尾熊糞便的澳大利亞原生蜣螂，就不太喜歡牛羊的糞便。

②來自南非和瑞典的科學家發現，蜣螂能利用月光偏振現象進行定位，牠們有一定的趨光性。

122. 星期制度源自於古巴比倫

現在世界上通行的一週七天的星期制度,最早起源于古巴比倫。

星期日

太陽神日

星期一

月亮神日

星期二

火星神日

星期三

水星神日

星期四

木星神日

星期五

金星神日

星期六

土星神日

早在公元前 7 世紀至公元前 6 世紀,古巴比倫人便有了星期制度。

他們建造七星壇祭祀星神,
七星壇從上至下依次為日、月、火、水、木、金、土 7 個星神,
並每天用一個神的名字來命名,
所謂 "星期",便是星神的日期。

①十二星座也是古巴比倫人發明的,古希臘人將其發揚光大。

②古羅馬時期,國王和人民都認為 6 和 0 是非常吉祥的數字,所以他們用 60 進制來計量時間。

123. 阿拉伯數字其實是古印度人發明的

公元 3 世紀，一位古印度科學家在巴格達發明了阿拉伯數字，
當時還不叫阿拉伯數字，叫印度數字。

印度數字是我發明的哦！

7 世紀中葉，印度數字由阿拉伯人改進之後，
被引入歐洲，被稱為阿拉伯數字或者印度阿拉伯數字。
隨著歷史演變，這套計數符號逐漸流行，成為世界上通用的數字。

1 2 3 4 5 6
7 8 9 0

改良後的阿拉伯數字

阿拉伯數字雖然是古印度人發明的，
卻是經由阿拉伯人傳向歐洲，
再經由歐洲人將其現代化，最終成型的哦！

更多
冷知識

①英文裡有一個符號 "&"，表示 "和" 的意思，其實它曾經是英文字母表裡的第 27 個字母。

②英文字母中的 "W" 最初是 "UU"，後來為了方便，改成了 "VV"，再後來就簡化成了現在的 "W"。

124. 全世界一共有多少種語言呢？

現在世界上被認可的語言一共有 7097 種哦！
其中還有 3400 多種正在衰亡的語言，
和還沒有被人們承認其獨立的語言。

表情包也逐漸成為
全球通用語言

在全球範圍來看，
已經有超過 750 種語言滅絕了，
還有許多語言只有極少數的使用者。

①世界上十大使用人口最多的語言，排前五名的依次是：漢語、英語、俄語、西班牙語和北印度語。

②以法語作為母語的國家和地區一共有 46個，而將法語作為官方語言的國家多達 29個。

更多
冷知識

125. 世界上使用人數最少的語言是阿亞帕涅科語

阿亞帕涅科語是哥倫布發現新大陸以前，墨西哥使用的古老的語言。

這種語言原來通行於墨西哥的熱帶低窪地區，
是位處於塔巴斯科州的阿亞帕村的當地人使用。

在二十世紀中期，因為當時政府規定墨西哥的孩子只能說西班牙語，
這種語言的消亡速度達到頂峰。

曾經有傳聞只剩下兩個人懂得阿亞帕涅科語這種語言，
而且他們關係不好，從不交流。
幸好這只是誤傳，從 2012 年開始，
就有學者在阿亞帕村對這門語言進行研究並致力於恢復它。

更多冷知識

英語雖然不是全球最多人使用的語言，但它是適用範圍最廣的語言，所以得以成為全球交流媒介。

有 15 個英文字母而又不會重複的單詞是：

uncopyrightable

意為：不能獲得版權保護的

唯一一個連續重複三個字母的單詞是：

Goddessship

意為：女神的身分

唯一一個連續三次重複字母的單詞是：

Bookkeeper

意為：簿記會計員

英文也是可以很有趣的

127. 爲什麼西方人最忌諱的數字是 13 ？

數字本身並無感情色彩，但是在不同的故事和神話中，
"13" 卻多了一絲不祥的意味。
根據《聖經》的記載，
在最後的晚餐中，耶穌被自己的弟子出賣而被處死，
而餐桌上正好是 13 個人，
人們便認為是這個 "13" 帶來了不幸。

你們當中誰偷吃了？

而在北歐神話中，本是 12 人就餐的宴會，
詭計之神洛基突然闖入使宴會人數變成 13。
也正因為洛基的陰謀，使得善良之神中箭身亡。
人們也認為是因為 "13" 帶來了災難。

歐美國家的電梯
沒有 13 樓

所以，在歐美地區，人們非常忌諱 "13" 這個數字。
在一些住宅區，沒有 13 號門牌，
編號會從 12 號跳到 14 號，或者用 12A 和 12B 來表示。

更多
冷知識

①西方人最喜歡的數字是 7，而台灣人最喜歡 8。

②1、6、8、9 是台灣人使用頻率最高的數字。

128. 貝多芬的《致愛麗絲》其實叫做《致特蕾莎》

這首曲子是貝多芬創作並寫給他的學生特蕾莎的，
貝多芬的手稿上明顯寫著《致特蕾莎》。

曲子是獻給
我的。

不好意思，
是給我的。

愛麗絲　　　　　特蕾莎

後來因為被一個超級馬虎的抄曲者誤抄成了"愛麗絲"，
樂譜出版之後，就變成了《致愛麗絲》了。

對不起大家了

請大家記住這個粗心的人——路德維希 • 諾爾。

①貝多芬雖然聽力衰退直至失聰，但他彈琴時用嘴咬著棍子靠在琴架上，透過骨傳導聽到自己彈的聲音。

②只要把握好節奏，彈鋼琴時全部彈黑鍵就能彈出好聽的中國風歌曲，因為黑鍵剛好是中國傳統民族音樂最常運用的五聲音階。

129. 四大文明古國唯一一個延續下來者

四大文明古國包括古巴比倫、古印度、古埃及和古中國，
而除了中國，另外三個古國的文明早已消失。

古巴比倫

古印度

古埃及

古中國

中國是唯一一個在文化上從古代到現代都沒有中斷過的國家，
這種流傳在人類文明史上十分難得。

更多
冷知識

①金星公轉一周是 234.7 天，神秘的古瑪雅人使用的曆法和金星的公轉週期非常接近。

②有學者發現，瑪雅文明的語言和漢語語言竟然十分相像，瑪雅人是否會來自古中國呢？

130. 龍圖騰是什麼？

在關於黃帝的傳說中，有一個和龍有關的故事。

相傳在黃帝打敗蚩尤、收服炎帝之後，統一了大小部落，
被諸侯們推舉為共主，並制定新的圖騰。

而當時各部落都有自己的圖騰，
黃帝擔心傷害了各個氏族部落的感情，
於是倡議將各部落的圖騰都體現在新圖騰上，
於是"龍"誕生了——

以蛇為身，以魚鱗護蛇身，以獅頭為蛇頭，
獅尾為蛇尾，以鹿角為蛇角，以鷹爪為蛇爪。

古代的龍圖騰

①在八千年前已經有"龍"的形象，說明龍
圖騰的崇拜至少有八千年的歷史。

②世界各國大多都有自己的圖騰，例如美國
是鷹，法國是公雞，俄羅斯是北極熊等。

131. 古代的龍之九子是哪九子？

民間有這樣的傳說："龍生九子，不成龍，各有所好。"
圍繞龍生九子展開的神話傳說層出不窮，趣味十足。

囚牛

老大囚牛，
喜音樂，蹲立於琴頭。

睚眥

老二睚眥，
嗜殺喜鬥，刻鏤於刀環、
劍柄吞口。

嘲風

老三嘲風，
形似獸，平生好險又好望，
殿台角上的走獸是它的遺像。

蒲牢

四子蒲牢，
受攻擊就大聲吼叫，充作洪鐘
提梁的獸鈕，助其鳴聲遠揚。

狻猊

五子狻猊，
形如獅，喜煙好坐，所以形
象一般出現在香爐上，隨之
吞煙吐霧。

贔屭

六子贔屭，
似龜有齒，喜歡負重，
是碑下龜。

狴犴

七子狴犴，
形似虎好訟，獄門或官衙
正堂兩側有其像。

負屭

八子負屭，
身似龍，雅好斯文，
盤繞在石碑頭頂。

螭吻

老九螭吻，
口潤嗓粗而好吞，遂成殿脊
兩端的吞脊獸，取其滅火消
災。

① "鳳育九雛"出自《晉書·穆帝紀》："(升平四年)二月，鳳凰將九雛見於豐城。"後以"鳳引九雛"為天下太平、社會繁榮的吉兆。

② 神話傳說中還有很多異獸相傳都是龍之子，比如商人之神貔貅、象徵貪婪的饕餮，還有象徵祥瑞的麒麟等等。

132. "守歲"到底是怎麼守的呢？

在傳統習俗中，除夕不睡的習俗叫"守歲"，
也叫"熬年"，那為什麼要"守歲"呢？

相傳，古代有種叫"年"的怪獸，每到年三十晚上都要出來作祟，
當天晚上沒人敢睡覺，要熬夜守著直到第二天的到來，

這便是"熬年"和"守歲"的由來。

五福臨門

趕年獸三寶

傳說中，年獸最怕紅色和炸響的火光，
所以每年除夕，我們都要貼紅對聯、燃放爆竹、家中燈火通明，
這習慣越傳越廣，便成為了民間最隆重的傳統節日——過年。

①農曆三月初三是黃帝誕辰的上巳節，節日
當天在水邊舉行祭祀並沐浴洗濯，以求趕走
冬天的不祥。

②在清明節的前兩天，還有一個寒食節，在
那天只能吃冷食，也禁止燃放煙花爆竹。

更多
冷知識

133.十二生肖爲什麼沒有貓

根據記載，家貓于南北朝到隋初透過佛教交流傳入中國，
直到唐宋時期，民間才開始大規模飼養家貓。

大家好，我是埃及貓。

而根據文獻考證，十二生肖最遲在東漢就已經定型，
從這時間差看來，貓咪沒有趕上"選秀"呢。

人家曾經也是小貓咪

但是，十二生肖裡的虎也屬貓科動物，
就當作是"大貓"吧！

更多冷知識

①十二生肖的傳統在印度也有，不過他們沒有老虎，但是有獅子。

②越南的十二生肖裡面倒是有貓，他們用貓代替了當時還沒有引進的兔子。

134. 古時候的壓歲錢不是錢

壓歲錢在現在就相當於長輩在過年期間給孩子的零用錢，
但最開始壓歲錢的重點並不是錢，而是鑄成錢幣形狀的避邪物品。

傳說古時候有一種身黑手白的小妖，名字叫"祟"，
每年除夕夜裡都會出來害人。
壓祟錢便是保護自己免受祟妖傷害的護身符。

最早的壓祟錢始於漢代，每個朝代的樣式都不一樣。

壓"祟"錢

人們把它們帶在身邊把玩，
當做討個吉利或者避用，
久而久之就演變成壓歲錢了。

135.五福臨門到底是哪五福?

"五福臨門"是很常見的祝福語,
那"五福"都是什麼呢?

長壽
命不夭折而且福壽綿長

富貴
錢財富足而且地位尊貴

康寧
身體健康而且心靈安寧

好德
生性仁善而且寬厚寧靜

善終
享盡天年,長壽而亡

"五福"出自《尚書•洪范》,據書中所記載的五福是:
"一曰壽、二曰富、三曰康寧、四曰修好德、五曰考終命。"

在當時,只有集齊了五福,才算十全十美,
缺少其中一項都是美中不足哦!

更多
冷知識

①對應寓意美好的五福,寓意不好的俗語還 | ②四大皆空指的是道空、天空、地空和人空。
有"五勞""六極""七傷"等。

136. 古代女子十四歲以後還不嫁人
是要罰款的

明太祖朱元璋曾規定：
"男子十六歲而娶，女子十四歲而嫁"。

小女子今年
十四。

我再不結婚就
要被罰款了。

到了法定年齡不嫁人的女子，那可是要罰款的。

《宋書 • 周朗傳》中記載：
"女子十五不嫁，家人坐之。"
意思是，女子過了 15 歲還不嫁人，家人也要跟著坐牢。

都怪這孩子，十六了還單著

①根據宋朝法律，妻子狀告丈夫要被判處 2 ～
3 年，李清照改嫁後就因為狀告改嫁的丈夫而
被判入獄，後來被救了出來。

②在古代，官員出行吃飯的時候，若有魚，
一般只吃魚的一邊，另一邊要留給抬轎的人
吃。

137. 哪個國家的人口為世界人口的 20%？

截至 2020 年，
中國總人口突破 14 億人，
而全世界人口則將近有 77 億。

世界人口排名的前三名

中國人口約 14 億人　　　印度人口約 13.7 億人　　　美國人口約 3.3 億人

中國人口占世界人口的比例已經接近 20%，
而印度人口也已經逼近中國人口了。

圈圈裡頭的人口
比其他地區的人口總和還多

更多
冷知識

①中國人口最多的省級行政區是廣東，超過 1.1 億常住人口，而人口最少的是澳門，共有 63.2 萬人。

②世界上人口密度最高的國家是孟加拉，其國土面積和廣東省差不多，但住著近 2 億人口。

138. 漢字一共有多少個呢？

漢字是迄今為止連續使用時間最長的文字，
在古代就已經發展至高度完備的水平，
那麼漢字目前一共有多少個呢？

漢語……

太複雜了！

其實漢字的總數量並沒有一個非常準確的數字，
大約有將近十萬個，但日常使用的漢字只有 5200 個左右。

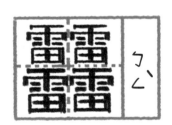

意為雷聲，
形容很大的聲響

除了常用的這幾千個漢字以外，
大部分的字都是"生僻字"，
所以博大精深的漢語甚至被評為"世界上最難學的語言"。

①雖然常說漢字是象形文字，但其實漢字造字法還有指事、會意、形聲、轉注、假借這幾種。

②一個漢字會有不同的寫法，叫做"異體字"，但是在正式文稿中，異體字是不規範的哦。

更多
冷知識

139. 那些奇怪又有詩意的古漢字

雖然漢字經歷了長久的變遷，
現在的寫法和古代漢字已有千差萬別，
但有很多奇怪又有詩意的古漢字值得我們去瞭解。

惡
鱷魚在心間，即是惡

鱼
魚類魚鱗魚尾

漢字從形態到內涵，不僅是一種獨特的文化符號，
還是一種形象生動、有生命意識的文化元素。

甲骨文

從最初的甲骨文，到隸書、篆書、楷書，
直至今天使用的漢字，雖然形狀各不相同，
但都保留著象形文字的特點。

更多冷知識

①長時間盯著一個字看，你會感覺越來越陌生，甚至突然就感覺不認識這個字了。

②研究顯示，漢字的序順並不定一會影響閱讀，比如讀到這句話你現發了字的序順是亂的嗎？

140. 事實上漢語拼音是外國人發明的

在學習拼音的時候，會不會覺得拼音和英文有點相近呢？

其實漢語本來沒有拼音字母的，
拼音是外國人發明的。

在明朝末年，有西方傳教士為了學習漢字，
他們開始用拉丁字母來拼寫漢語。

最終在 1958 年，
拉丁文為漢語注音的方法演變成了今天通用的 "漢語拼音"。

拼音出現只有短短幾十年，古人書面記載字的讀音一般用兩種方法：直音法和反切法。

141. 日本有法律規定：肥胖是違法的

日本的肥胖率不足 5%，屬世界上肥胖率最低的國家之一，
但日本依然在 2008 年制定了限制國民最大腰圍的法律條文。

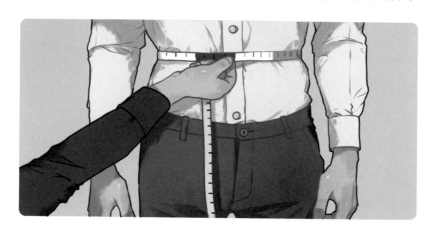

40 ～ 74 歲的國民，需要定期測量腰圍，
男性腰圍不得超過 85 釐米，女性腰圍不得超過 90 釐米。
如果有公民的腰圍超過了這個標準，就會被強制進行減肥。

相撲選手當然例外了哦

在日本一些地方政府和企業裡，過度肥胖是違法的，
而對於相撲等職業來說，肥胖則受到保護和鼓勵。

更多
冷知識

①義大利米蘭市要求市民時刻保持微笑，如果市民在大街上皺著眉頭，很可能會被處以罰款哦。

②瑞士有法律禁止公寓居民在晚上 10 點以後沖馬桶，他們認為這種行為會影響到他人。

142. 日本人愛貓絕非只是愛寵物這麼簡單，而是把貓當神

很多人都知道招財貓來自日本，日本人對貓真的有特殊的感情。

日本人認為貓是神靈的化身，它們具有魔力，甚至能夠變成人。

每年 2 月 22 日在日本
被稱為貓之日

如今在東京的"今戶神社"的拜殿前，可以看到兩隻巨大的招財貓。

①據考證，貓是日本到中國的遣唐使帶回去的，貓最先出現在日本宮廷裡，到了江戶時代才進入尋常百姓家。　②古埃及是最早養貓的國家，古代埃及人也把貓奉為月亮女神的化身和象徵。

143. 來自日本的小野妹子其實並不是妹子

公元 607 年，日本向隋朝派出的第一個政府使團終於到達洛陽，
使團首領叫小野妹子。

> 我的名字叫小野妹子。

> 性別男。

沒錯，這位遣隋使雖然名字叫妹子，但其實是個男的！

小野妹子以遣隋使的身份來到隋朝出使，
將很多傳統技藝帶回日本。

小野妹子把插花藝術傳到
日本的宮廷裡

隨著遣隋使的派遣，不僅加強了當時兩國的聯繫，
還使大量先進的文明傳入了日本，
對日本歷史的發展產生了深遠的影響。

更多
冷知識

①字畫、雕刻、戲劇和插畫等都是小野妹子
在隋唐學習並傳回日本的傳統技藝。

②公元 609 年，小野妹子再度出使，這一次
他還帶來了一批留學生、學問僧，使得兩國
的官方交流出現了第一次高峰。

144. 瑞典的男孩節又稱為龍蝦節

在瑞典，每年的 8 月 7 日是 "男孩節"。
這一天，男人們會帶著小男孩出海捕撈龍蝦，
人們透過捕撈活動培養孩子們吃苦耐勞的精神，
也鼓勵孩子們學習龍蝦的勇敢精神，於是這一天又被稱為 "龍蝦節"。

而瑞典還有一個女孩節。
每年的 12 月 13 日是 "露西婭女神節"，
這個節日原本是為了紀念被迫害的聖露西婭。
而這一天曾經是日曆上一年中最短的一天，
人們認為這一天過後光明即會降臨。

露西婭女神

每年的這一天，女孩子通常會穿上白色長袍，
戴上蠟燭花圈，打扮成天使分發聖誕禮物。

①日本的男孩節是 5 月 5 日，在那一天會在家門口豎上 "鯉魚旗"，鯉魚旗分黑、紅、青藍三種顏色。

②非洲西部國家的兒童節歷時最長，他們充分發揮了能歌善舞的天性，慶祝兒童節能慶祝整整一個月！

145. 每十個美國人裡一定會有一個胖子

美國人的肥胖是非常出名的，
根據 2017 年的調查顯示，
美國人的肥胖率竟然高達 38%，
有三分之二以上的人口正處於超重狀態。

這和美國人的飲食習慣有著莫大的關係，
油炸食品是美國人的最愛，
高油高脂肪的飲食習慣使得他們的肥胖率居高不下。

燃燒誰的卡路里

更多
冷知識

①世界衛生組織建議，18~64 歲的成年人每週必須從事 150 分鐘以上的中度身體活動。　②根據研究，北方人比南方人更易胖。

146. 英國的樹林裏突然蹦出一隻松鼠 其實一點也不奇怪

當你走在英國的樹林邊，
蹦出一隻松鼠向你討吃的，一點兒也不稀奇。

灰松鼠　✗　紅松鼠

英國現在已經"鼠患成災"了，
這裡一共有好幾百萬隻灰松鼠，
和幾十萬隻紅松鼠。

這些傢伙甚至還會擅闖
民宅偷東西吃

紅松鼠是唯一的英國本土松鼠物種，
但它們的數量正在減少，
主要威脅來自於非本土但繁殖能力更強的灰松鼠。

①英國每逢遇到暖冬，這些松鼠就會吃得很胖，科學家認為有可能因此改變了松鼠的基因。 ②因為外來的灰松鼠入侵了本土紅松鼠的領地，英國政府給每個抓到灰松鼠的居民每隻 1 英鎊的獎勵。

更多 冷知識

147.紐西蘭沒有蛇

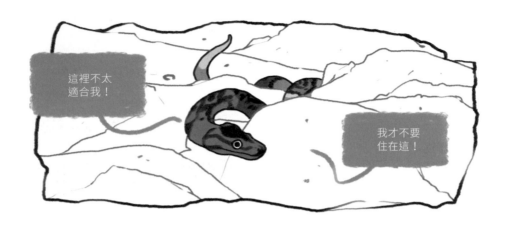

紐西蘭是因為地殼運動和火山爆發而形成的，
地表的特殊成分導致蛇無法生存。

紐西蘭的海域發現過
這種劇毒海蛇

雖然紐西蘭的陸地上沒有蛇，
但是在海裡可是有海蛇的。

更多
冷知識

①曾經有一條蛇"偷渡"到了紐西蘭，被發現以後，被處以了"安樂死"。

②冰島是世界上唯一一個沒有蚊子的國家，因為氣溫太低。

148. 新加坡沒有販售口香糖

在新加坡的商店是買不到口香糖的，
因為新加坡政府在 1992 年頒佈了進口及銷售口香糖的禁令。

之所以會頒佈這一禁令，
是因為政府認為四處亂丟的口香糖殘渣會影響地鐵和電梯的操作，
引起安全事故。

在新加坡攜帶口香糖
入境也是違法的哦

①新加坡不只禁止銷售口香糖，在廣場上餵鳥、隨地吐痰、不沖廁所等行為都會受到處罰。

②有人笑稱，新加坡人可以到車程半小時的馬來西亞去，盡情地嚼口香糖，然後再回家。

更多
冷知識

地理
geography

149. 地球的真實形狀

我們知道地球儀上的地球看上去是一個完美的圓球體，

但事實上，地球並不是一個標準的球體。
如果把地球表面的水抽走，地球就是這個樣子的。

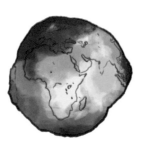

**網路上流傳的
"地球素顏圖"**

上圖也不是地球的真實形狀，只是在網路上的謠傳。
這張圖實際上表示的是全球重力變化的空間差異，還經過了誇張處理。

更多
冷知識

①實際上，月球上的岩石比地球上的還古老，
科學家認為有可能月球比地球更早存在。

②月球上的重力只有地球的六分之一，也就
是說，假如你的體重是 60 公斤，到月球上稱
的話就只有 10 公斤啦。

150. 地球上的水並沒有想像中多

我們知道，地球上 70% 左右的面積是被水覆蓋的，
但其實地球上的水沒有想像中多。

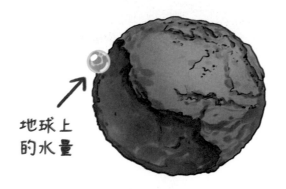

地球上
的水量

如果把地球上的水抽出來和地球對比的話，
地球的含水量就跟沙漠差不多了。

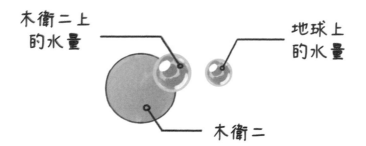

木衛二上
的水量

地球上
的水量

木衛二

比月球還小的木星衛星 "木衛二" 上面的水，
就比地球上的總水量還多。

更多
冷知識

① 木星最大的衛星木衛三，蓋尼米得（Ganymede）是太陽系中最潮濕的星球，其總量的 69% 可能都是液態水。

② 科學家認為，地球上的水是地球在漫長的歷史進程中，由組成地球的物質逐漸脫水、脫氣而形成的。

151. 太平洋佔地球面積的三分之一

太平洋比人們想像的要大得多，
從這個角度看的話，太平洋的面積有地球面積的三分之一那麼多。

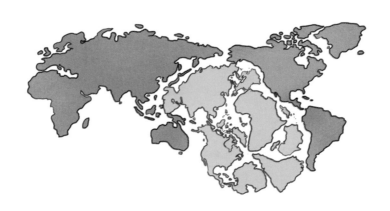

就算把陸地面積都放到太平洋裡，
仍有 3000 多平方公里的空間。

①太平洋和大西洋之間有一條神奇的分割線，因為兩者的海水密度不同不能交融而形成。　②科學家發現一個奇怪的現象，在太平洋中有 1200 萬平方公里的水域，像是被某種力量禁錮了，無法向外流動。

152. 離陸地最遠的地方—尼莫點

位於太平洋中的尼莫點，也叫海洋難抵極，
這裡比地球上任何一個地方都要遠離陸地。

在尼莫點上，除了海水什麼也找不到。

想去尼莫點
流浪的小狗

在拉丁語中，"尼莫" 也意味著沒人的意思。

如果你想與世隔絕地活著，這裡是你的最佳選擇。

更多
冷知識

①海洋學家在南太平洋區域裡錄下了自然科學歷史上最神秘的龐大又低沉的聲音：海洋怪聲。

②尼莫點周邊的海洋環境不足以供養大量生物，唯有部分海底細菌存活在附近，真的是一片寂靜"死海"。

153. 有近 3 萬隻橡皮小鴨遺失在大海裏

1992 年，一艘貨船在太平洋遭遇強烈風暴，
船上一個裝滿 3 萬隻黃色塑料玩具鴨的貨櫃墜入大海。

其中由 1 萬多隻玩具鴨組成的"鴨子艦隊"在海上漂流了 3.5 萬公里後，
於 2007 年抵達了英國海岸。

世界上最大的黃色小鴨
高度有 16.5 米

目前仍然有 1 萬多隻玩具鴨，勇敢地漂流在海洋的某個地方。

更多
冷知識

154. 95% 的海洋是我們還沒探索過的

人類只探索
到這裡

關於海洋，人類只探索到 5%，剩下的 95% 是尚未被探索的神秘領域。

這就意味著，我們對地球上的海洋其實一無所知，
海裡的大部分海洋生物我們都還沒瞭解。

更多冷知識

①在大海裡小便是完全沒有問題的！尿液中有 95% 是水分，剩下的成分可以餵養水中的植物。

②海洋最底部的壓力，大約等於把 50 架巨無霸客機疊放在你的頭頂哦！

155. 我們吸進的氧氣有 70% 來自大海

你是不是以為我們吸進體內的氧氣大部分來自森林呢？

森林
製造 30% 的氧氣

海洋
製造 70% 的氧氣

其實有 70% 的氧氣，是海洋和河流中的浮游藻類製造的哦！
只有 30% 是來自森林和陸地上的其他植被。

海藻努力進行光合作用
為我們製造氧氣

雖然熱帶雨林製造的氧氣也是重要的來源，
但熱帶雨林的面積比海洋的面積小得多，
所以還是海洋"略勝一籌"啦！

①只要我們有辦法吸收浪潮產生的動能的 0.1%，就足以擁有 5 倍於全球能源需求的能源。　②每年都有約 1 萬個海運貨櫃遺失在大海裡，其中有 10% 裝有化學物質，這會對海洋造成極大的污染。

156.海洋總共有多達2千萬噸的黃金

海水中蘊藏著大約 2 千萬噸黃金！但是……

"海水中"的意思是，這些黃金都融合在海水裡了，
並不是沈在海洋底部哦！

想要我的寶藏就去找吧
都在大海裡

金子在海水中的密度非常低，就目前的技術而言，
我們還沒有低成本高效率的方法來提煉這些黃金，
所以，"船長"的寶藏就只能繼續躺在海裡啦！

更多
冷知識

①海洋中的很多生物都攜帶著細菌，海洋裡
也存在著成千上萬的細菌和病毒，比想像中
危險哦！

②世界上最大的瀑布在海底，名叫丹麥海峽
海底大瀑布。

157. 南極和北極哪裡更冷呢？

南極和北極都是地球上極其寒冷的地區，
這兩個地方的溫度經常低至零下幾十攝氏度。
那麼，南極和北極哪裡比較冷呢？

南極比較冷。

北極比較冷吧。

答案是：南極！南極比北極冷多了。

北極的冰可能將於 20 年後融化消失
而北極熊也會滅絕

北極的平均溫度是零下 30℃，而南極平均溫度是零下 60℃，
可以說北極的冬季才相當於南極的夏季溫度呢。

①人類最早其實是在北極發現企鵝的蹤跡的，但是如今北極的企鵝早已滅絕，企鵝變成了南極的特有動物。 ②南極的氣候比北極惡劣許多，北極熊沒有辦法在南極生存，南極也不適合大型動物生存。

158. 你會在南極發現很多很多隕石塊

雖然在世界各地，隕石出現的可能性是大致相等的，
但是為什麼在南極隕石會被大量發現呢？

原因是冰川的流動會把在冰下深處的隕石運輸到冰川表面，

隕石通常是暗灰色

另一個原因是，在貧瘠的白色荒野中，
這些暗灰色的太空岩石更容易被發現。

更多
冷知識

①地球之所以沒有遭到大量隕石撞擊，都是
因為木星，木星的巨大引力吸引了許多隕石。

②人被隕石砸死的風險非常小，大約可以換
算成 9309 年一遇。

159. 南北極地區幾乎不會發生地震

從全球範圍看，大多數地震分佈在三個地震帶上，
南北極地區幾乎是不會發生地震的。

主要的原因就是南北極並不在板塊斷裂帶上，
所以南北極極少出現地震。

**南極平均冰層
厚度約 1700 公尺**

另一個原因是南北極地區都有厚厚的冰層覆蓋，
冰層對地面有著向下的作用力，
與地球內部所產生的向上的作用力抵消，就很難發生地震了。

①南極的冰層平均厚度為 1700 公尺，最厚的地方厚度超過 4000 公尺。　②北極的冰層厚度其實只有 2～4 公尺，冰川總體積也只有南極的十分之一。

160. 如果把指南針放在南極，
它會指向哪裡？

北磁極在南極附近，而南磁極在北極附近，
由於南北磁極的作用，指南針才能夠指示南北，
而指南針指的其實是南磁極，也就是北極。

如果你把指南針放在北磁極，也就是南極上，
會發生什麼事呢？

水平放置　　　　　　　**垂直放置**

水平放置的話，指南針的指針會飄忽不定，
而垂直放置的話，則會指向地下。

要是把指南針帶到北極上
指南針就會失靈

**更多
冷知識**

①根據科學推測，磁極在歷史上互換過很多次，最近一次磁極互換出現在 78 萬年前。

②地球上每個地方的重力是不一樣的哦，如果你在南北極的話，體重會比在赤道附近重 0.5%。

161. 地球上幾乎沒有下過雨的城市是哪裡？

全球唯一幾乎不下雨的城市，600 年來幾乎沒下什麼雨，
這個城市就是秘魯的利馬。

利馬氣候比較乾燥，是著名的沙漠城市，這裡受寒流的影響，
水氣沒有辦法升空，達不到降雨的條件，所以這裡不下雨。

**利馬市民從來
不會買雨衣等雨具**

不過在這裡水氣會形成水霧留在空中，
空氣不會太乾燥，而且四季如春。

---

①相對的，世界雨極位於世界屋脊喜馬拉雅山南麓的印度阿薩密邦的乞拉朋齊，1960 年 8 月—1961 年 7 月這一年間，這裡下了 26461.2 毫米的雨量，比北京 42 年的總降雨量還多。

②俗稱"草泥馬"的羊駝，是秘魯的國寶，它的地位可相當於大熊貓哦！

更多 冷知識

162. 為什麼颱風眼區域反而風力最小？

颱風是一個低氣壓漩渦，颱風眼是高層冷空氣向下運動的通道。

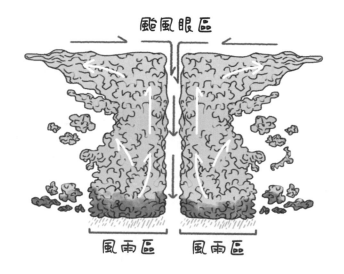

因為外圍的空氣旋轉得太厲害，外面的空氣不易進到裡面，
所以颱風眼區域的空氣，幾乎是不旋轉的，因此也就沒有風。

龍捲風的中心也一樣沒有風
但是氣壓很低會很危險

經常會有海鳥躲在颱風眼區域，
結果被颱風帶到了很遠的地方，回不來了。

更多冷知識

① 1947 年第一批颱風名字是以女性名字依英文字母排列命名，1979 年開始改以男女名字的順序交替命名。

② 龍捲風是極速的旋轉氣流，範圍比颱風小，但破壞力和風力都要比颱風大。

163. 其實非洲並不是一年四季都很熱，
冬天也會很冷

非洲大部分地區都很熱，但其實非洲不是一年四季都是高溫天氣的。

非洲很多地區屬於熱帶雨林氣候，
在冬天的時候，有些地方氣候十分寒冷，
而且還會下大雪，比如冬天的摩洛哥。
摩洛哥的伊弗蘭，曾經的最低氣溫是零下 23.9℃。

非洲夏季平均溫度達到 50．C
可以輕鬆在地上煎蛋

①據專家研究，黑色人種的皮膚散熱非常快，是黃種人和白種人皮膚散熱速度的兩倍，所以非洲的黑人不怕熱，但是他們非常怕冷。

②非洲的確有很多大型野生動物，但是它們一般都生活在郊外或者雨林中，住宅區還是很安全的。

更多 冷知識

164. 世界上最小的島國—瑙魯共和國

瑙魯共和國是世界上最小的島國，
它的國土面積只有 21.1 平方公里。

瑙魯島是一個橢圓形的珊瑚島，
全島總長只有 6 公里，寬為 4 公里，海岸線全長不足 30 公里。

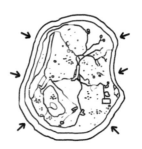

瑙魯島的面積在逐漸縮小

由於全球氣候變暖，海平面在不斷上升，
瑙魯島很有可能會在不遠的將來被海水吞沒，
從而消失在這個地球上。

更多
冷知識

①瑙魯共和國是世界上國土面積第三小的國家，僅僅比梵蒂岡和摩納哥稍微大一點。

②全球島嶼總數在 5 萬個以上，總面積約為 997 萬平方公里，約占全球陸地總面積的十五分之一。

165. 世界上最美麗最孤獨的群島叫 "龜島"

在南美洲西部赤道附近的太平洋海域中,
有一個名叫加拉巴哥的群島,又被稱為 "龜島"。

在加拉巴哥群島上
獨有的象龜和海鬣蜥

奇特的氣候造就了這裡寒帶、熱帶動物共存的奇特景象,
這裡既有大量的熱帶生物如象龜、海鬣蜥,
也有寒帶生物企鵝、海獅和海豹等等。

你還能在加拉巴哥群島上
發現企鵝和海獅

因此加拉巴哥群島被稱為世界上最大的自然博物館。

更多
冷知識

①加拉巴哥象龜是世界上壽命最長的龜種, 壽命最長的象龜可達 300 歲。

②海鬣蜥是世界上唯一能適應海洋生活的鬣蜥, 在陸地上看起來很笨拙, 但牠卻能在水裡像魚一樣自由自在。

166.雲層上的石桌子—羅賴馬山

位於南美洲的羅賴馬山的山頂就像一張被雲層托起的石桌子。

因為隨著地殼運動，這個區域抬升成為了陸地，
又由於斷層結構的影響，中部岩塊相對上升，
最終形成桌子狀的山地。

翼手龍和其他史前生物
曾經生活在羅賴馬山

羅賴馬山具有三億年歷史，被稱為 "失落的世界"。

更多
冷知識

①因為有大量的降雨，羅賴馬山的懸崖邊上有很多瀑布。

②因為地勢險峻，羅賴馬山裡的動植物有75%都是當地獨有，那些物種在其他地方都已經滅絕。

167. 復活節島的石像大都 "穿著褲子"

復活節島上有很多神奇又巨大的石像，
當地人將這些石像叫做摩艾 (Moai)，
摩艾石像一共有 887 尊。

考古學家們經過挖掘，發現將近一半的石像下面還有身體，
而且每一尊藏著下半身的石像都穿著褲子。

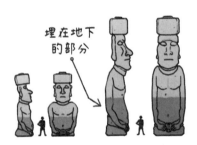

埋在地下
的部分

摩艾石像和人類
大小對比

這些神秘的石像到底是由誰雕鑿的，
又是如何直立在島上的，時至今日依然是個不解之謎。

①復活節島上的石像都由整塊的暗紅色火成岩雕鑿而成，一般高 7 ～ 10 米，重量有 30 ～ 90 噸。

②根據研究結果，即使是科技水平發達的今天，也無法輕易製造出這麼多摩艾石像，這使得摩艾石像顯得更加神秘。

更多
冷知識

168. 世界上最大的湖中島

世界上最大的湖中島是位於美國和加拿大交界的
五大湖中的休倫湖中的馬尼圖林島。

而馬尼圖林島上還有一個湖，叫做馬尼圖湖，
它是世界上最大的湖中島中湖。

更多冷知識

①最大的島中湖是內蒂靈湖，位於加拿大巴芬島的南端，面積 5542 平方公里。

②最大的島中湖中島則是沙摩西島，位於印尼蘇門答臘島的多巴湖內，面積 520 平方公里。

169. 世界上最大的島中湖中島中湖

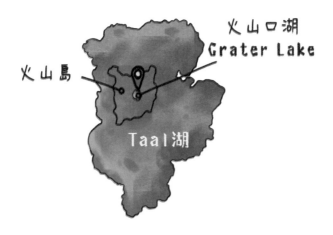

菲律賓呂宋島的 Taal（塔爾）湖上有個火山島，
島上有個火山口湖。

而這個小小的火山口湖中，還有一個小島叫做 Vulcan Point（火神點）。

這個小島雖小，但它是世界上最大的島中湖中島中湖中島。

170. 費倫特島的主權每半年更換一次

費倫特島也稱雉雞島，位於比達索亞河畔，
這條河恰好是法國和西班牙兩國的界河，由兩國共同管理。

每年有六個月屬於法國

每年有六個月屬於西班牙

所以費倫特島一年中有 6 個月屬於西班牙，另外 6 個月屬於法國。

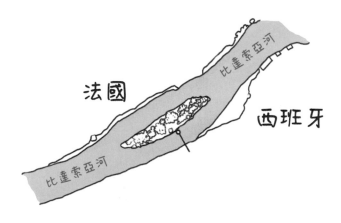

法國

西班牙

比達索亞河

比達索亞河

由於費倫特島禁止一切參觀，目前它還處於與世隔絕的狀態。

更多
冷知識

①巴西的米爾頓・科雷納體育場的中線與赤道重合，兩個半場分別屬南北兩個不同的半球，所以在這裡你可以一腳把球從南半球踢到北半球。

② Four Corners 是美國亞利桑那州、猶他州、科羅拉多州和新墨西哥州的交界點，你可以在這裡同時進入這 4 個州。

171. 澳大利亞是世界上唯一一個獨佔一塊大陸的國家

世界上人口第二少的大洲——大洋洲由一塊大陸和無數島嶼組成，
而佔據了這唯一一塊大陸的，正是澳大利亞。

澳大利亞是世界上唯一國土覆蓋一整個大陸的國家，
因此也被稱為"澳洲"。

澳大利亞獨有的
活化石鴨嘴獸

澳大利亞被稱為"世界活化石博物館"。
據統計，澳大利亞有植物 1.2 萬種，有 9000 種為澳大利亞特有；
有鳥類 650 種，450 種是澳大利亞特有的。

①雖然雪梨廣為人知，但澳大利亞的首都是坎培拉哦。　②澳大利亞雖然四面環海，但是它有 11 個大沙漠，約占整個大陸面積的 20%。

172.粉紅色的湖泊

希利爾湖位於澳大利亞的米德爾島上，
它是一個能與浪漫聯繫在一起的粉紅色湖泊。

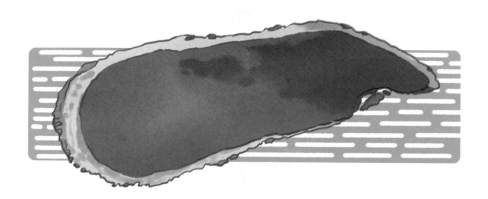

因為湖泊中含有大量鹽分，滋生了大量的嗜鹽藻類，
這些藻類在繁殖過程中會產生大量的β-胡蘿蔔素，
從而讓湖面泛著一層淡淡的粉色。

赫利爾湖跟死海一樣

也因為湖水的含鹽量太高，和死海差不多，
這裡也不利於一般生物生存。

更多冷知識

①澳大利亞聖誕島，也被稱為蟹島，每年10月底，幾百萬隻紅蟹從洞穴遷徙到海裡進行繁殖，從空中就能看見紅色佈滿前往海岸線的路徑這一奇景。

②而在孟加拉灣的蘭里島，是世界上很出名的鱷魚島，這個島上棲息著數萬隻鱷魚。

173. 太平洋之盾—柏爾的金字塔島

柏爾的金字塔島是 640 多萬年前盾狀火山被侵蝕後殘留下來的海島。

這個島呈盾狀，再加上海拔達 562 米，
因此也被稱為 "太平洋之盾"。

柏爾的金字塔島正面

這裡四周都是懸崖絕壁，沒有一處平坦的地方。

更多冷知識

①阿根廷的巴拉那河三角洲有一個島嶼非常引人注目，因為它有一個完美的圓形，被稱為 "大地之眼"。　②在太平洋有一個 "哭島"，是一個方圓不過幾公里的荒漠小島，白天黑夜都會聽到怪異的哭聲，這是受風向流動和地域環境的影響的神秘現象。

宇宙
universe
冷知識

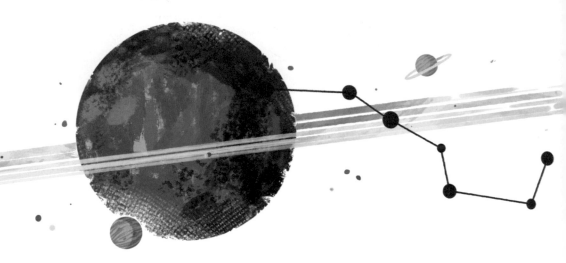

174. 科學家認為宇宙是十一維的

根據 20 世紀 90 年代提出的 M 理論（超弦理論），
科學家認為宇宙是十一維的，由震動的平面構成。

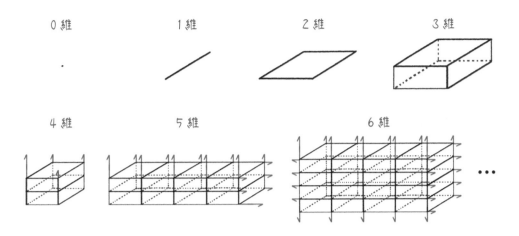

在愛因斯坦的理論裡，宇宙只是四維的，
包含三維空間和一維時間，還有另外的七維空間，
我們沒辦法看見，因為我們"太大"了。

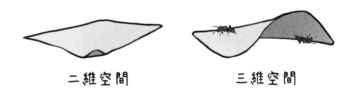

二維空間　　　　　三維空間

試著想像一下，一張紙對於人類來說只是一個二維空間，
但對於體型很小的螞蟻來說，這張紙就是三維空間了。

我們看不見更高的維度，是因為高維度實在太小了。

①宇宙目前的維度是三維，加上一個時間維度，是四維時空，並不是四維空間哦！　②人類沒有辦法發現並踏足更高維度的空間，所以我們沒辦法想像高維度的空間到底是怎麼樣的。

更多冷知識

175. 宇宙太空有多空

其實我們所處的宇宙，
要多空曠有多空曠，
可以說是空無一物。

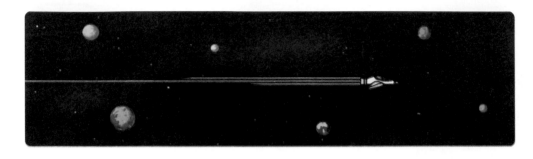

假設一個人閉著眼以光速向宇宙的任意方向直線飛行，
極可能這輩子都不會撞上一顆星體。

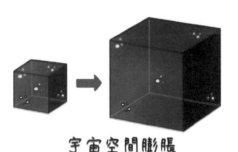

宇宙空間膨脹

宇宙比想像的還要空曠得多，
而且宇宙還在一直不停地膨脹，
變得越來越空曠。

更多
冷知識

①不僅宏觀尺度的宇宙很空，超微觀的世界也很空，一粒原子的 99.999% 都是空的。

②我們平時看見的星空星系宇宙的照片，實際上都是經過了藝術加工的，真實的宇宙幾乎是無盡的黑暗。

176. 被限制住的光速

真空中的光速等於 299792.458 公里 / 秒，
這是一個物理常量，也就是說，
宇宙中的最高速度不會超過真空中的光速。

光速 =299792458 m/s

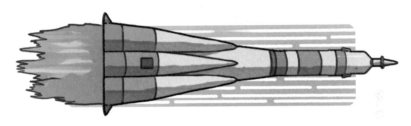

火箭速度 =11279 m/s

但是科學家發現光速對於宇宙來說還是太慢了，
比如太陽光到達地球需要 8 分鐘，
我們能看到的夜空星光都是幾萬年前甚至幾百萬年前發出來的光。

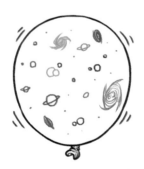

連宇宙膨脹的速度
都比光速快

有科學家甚至認為光速更像是被某種更高級的宇宙文明故意限制的，
因為光速一旦被限制，文明的行動範圍也就被限制了。

① 137 億年是宇宙自形成到現在所經歷的時間，而 460 億光年是宇宙膨脹的規模。　② 如今的量子力學和量子糾纏現象，未來或許會成為人類突破光速的關鍵點。

177. 肉眼能看到的星星只占宇宙的 5%

夜裡只要我們抬起頭，
就可以看見漫天星辰。

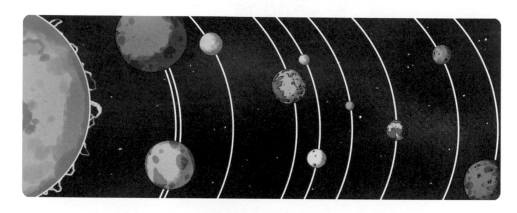

宇宙裡看似充滿了星體，
但如果把所有星體放在一起，
體積只佔據整個宇宙的 5%。

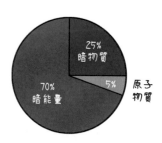

宇宙的構成

科學家認為剩下的 95%，
都是由暗能量和暗物質組成的。

更多
冷知識

①研究發現，宇宙可能至少還會存在 1400 億年。

②愛因斯坦曾說，宇宙最不可思議的事情是它竟然可以被理解。知道的越多，未知的就越多。

178. 21 世紀初科學最大的謎之一：暗物質

暗物質是使星系穩定存在的主要原因，
要是沒有暗物質，恆星將會更為鬆散地四處散佈。
在整個宇宙中，大約有 25% 都是暗物質。

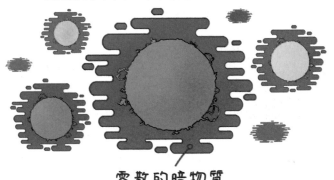

零散的暗物質

暗物質不會吸收、反射或輻射光線，所以人類無法對它進行觀測，
但我們知道暗物質是零星散佈在整個宇宙中的。

暗物质

高濃度的暗物質
會使經過它的光線扭曲

目前科學家對暗物質只能確定三件事：
1. 它是存在的；
2. 它僅透過重力產生作用；
3. 大量存在，佔據宇宙 25%。

①暗物質並非無處不在，目前科學家已經發現兩個幾乎完全不含有暗物質的星系了。

②根據對銀河系內天體運動進行觀測，天文學家們發現，銀河系內不存在暗物質或者僅存很少的暗物質。

更多 冷知識

179. 21 世紀初科學最大的謎之二：暗能量

暗能量是驅動宇宙運動的一種能量，
宇宙中所有的恆星和行星的運動皆由暗能量來推動。

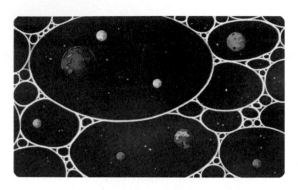

**暗能量就像氣泡在膨脹
推動宇宙膨脹**

在整個宇宙中，暗能量大約佔據了約 68.3% 的質能。

暗能量和暗物質一樣不會吸收、反射或者輻射光，
所以人類也無法直接使用現有技術進行觀測。

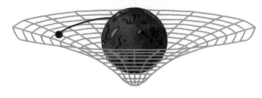

引力效應

但科學家認為宇宙要加速膨脹，必須要有其他的能量，
而這個能量很有可能就是暗能量。

引力的本質就是質量引起的空間彎曲，而暗能量沒有引力效應，
而是讓宇宙加速膨脹的斥力效應。

更多
冷知識

①目前我們知道的是，暗能量是均勻分佈在整個宇宙空間中的，不管是哪個角落，暗能量的密度都一樣。

②根據暗能量理論，暗能量會不斷地擴張宇宙，直到 200 多億年後，徹底撕裂宇宙，稱為大撕裂。

180. 宇宙中的星系超過 1000 億個

現在人類已經可以觀測到 1250 億個星系，
而每個星系平均有 1000 億顆星星。

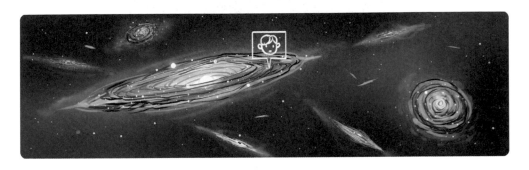

最大的星系有將近有 4000 億顆恆星，
我們所在的銀河系估算有 1000 億顆恆星。

天文望遠鏡經數百次
曝光合成的夜空

我們在地球上看到的每一顆星星，
可能是一顆恆星、一個星系、一個星系團，
甚至可能是一大片星系團。

①有科學家研究證明，銀河系很可能位於宇宙的 "郊區"，也就是宇宙中一個非常空曠的廣闊區域。

②距離地球約 5000 光年的 PH1 星系擁有 4 個恆星，如果那裡有星球誕生了生命，那它們基本上不會有夜晚存在。

更多
冷知識

181. 恆星大都是成雙成對的

有些恆星和太陽一樣是孤獨的，
但多數恆星都有伴侶，通常成雙成對，甚至三位一體。

就銀河系而言，雙星系統的數量非常多，
單星或多星系統才是少數。

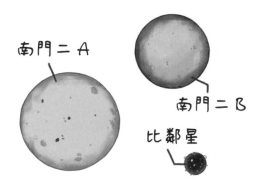

南門二A

南門二B

比鄰星

半人馬座α的
三星系統

三星系統一般是由一對雙星和另一顆距離較遠的星組成的一個雙星系統，
也就是兩層雙星系統的疊套。

更多
冷知識

①著名的北極星其實是一個三星系統，主星是一顆巨星，它還有兩顆較小的伴星。

②雙星系統是兩顆恆星互繞旋轉的系統，這種系統並不罕見，但擁有行星的雙星系統並不多。

182. 中子星的密度僅次於黑洞

中子星是演化到末期的恆星，
經由重力坍縮發生超新星爆炸之後，
可能成為的少數終點之一。

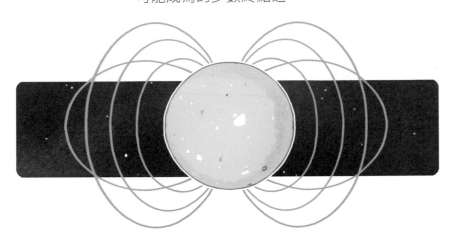

中子星是除黑洞以外，密度最大的星體，
絕大多數的脈衝星都是中子星，
但中子星不一定就是脈衝星。

太陽　中子星　黑洞

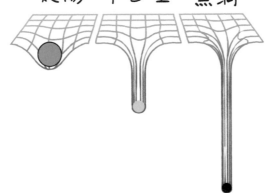

①中子星的能量輻射是太陽的 100 萬倍，它
一秒鐘內輻射的總能量若轉為電能，足夠地
球用上幾十億年。

②中子星還不是恆星的最終狀態，當它的角
動量消耗完以後，中子星將變成不發光的黑
矮星。

183. 銀河系有一個超大質量黑洞

黑洞以質量來劃分可分為兩種。
一種是恆星質量黑洞,另一種是超大質量黑洞。

人馬座 A*

銀河系中心就有一個超大質量黑洞,
它就是人馬座 A*,讓銀河系所有星系旋轉起來的就是它!

太陽系

銀河系中太陽系所處的位置

科學家猜測,所有成熟星系的中心都有一個超大質量黑洞,
產生了星系中最強的引力場。

更多
冷知識

①其實星系的別稱是宇宙島,廣義上星系指
的是無數的恆星系、塵埃組成的運行系統。

②在 37.5 億年後銀河系將會和仙女座星系碰
撞並形成新的星系。

184. 黑洞的第一張 ″寫真″

黑洞這個詞常讓人誤以為它就是一個黑黝黝的洞，

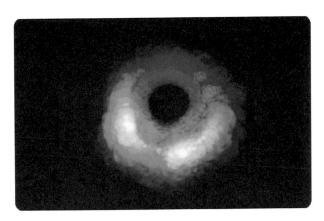

2019 年 4 月 10 日
發佈的第一張黑洞照片

其實天文學中的黑洞是一種天體，
這個天體不是一個大洞，
而應該是一個球狀天體。

黑洞理論上的樣子
球狀黑洞＋盤狀吸積盤

黑洞在 "吃掉" 周圍的恆星時，會將恆星的氣體撕扯到身邊，
形成一個旋轉的吸積盤，
科學家正是透過這些發光現象 "拍下" 黑洞照片的。

更多冷知識

①至今為止發現的最大的類星體，是瑞士天文學家發現的一個質量達到太陽 180 億倍的類星體中心黑洞。　②根據霍金輻射理論，小黑洞一般很容易蒸發掉，它只有適度地不斷吞噬物質才能保持形態。

185. 所有物質都能變成黑洞，包括人體

從數學定義上來說，所有有質量的物體都可以變成黑洞。

理論上，只要將一個物體壓縮到它的史瓦西半徑之內，
就能夠形成一個黑洞。

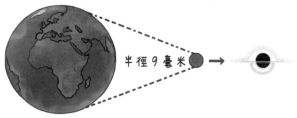

半徑9毫米

把地球變成黑洞
要把地球的半徑壓縮到9毫米

如果你想把自己變成一個黑洞，那麼必須將構成你身體的所有物質，
壓縮到比一顆沙粒還要小非常多倍的大小。

更多冷知識

①太陽的史瓦西半徑為3公里。

②根據霍金的假設，黑洞並非永恆不滅，黑洞會逐漸"減輕體重"，最後只留下基本粒子。

186. 綜觀宇宙的歷史，人類只不過是滄海一粟

與宇宙的年齡相比，人類存在的時間幾乎可以忽略不計。

有科學家假設將宇宙誕生起到現在濃縮在一年時間裡，
如果 1 月 1 日 0 點 0 分發生了宇宙大爆炸，
那麼 12 月 31 日晚上 11 點 59 分 45 秒就是人類誕生的時刻，
人類文明只存在於這 15 秒中。

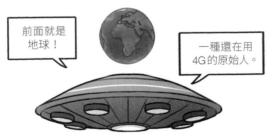

前面就是
地球！

一種還在用
4G的原始人。

人類文明在宇宙中就像新生嬰兒一樣。

更多
冷知識

①根據考古發掘，人類從最原始的石器時代到現在的高度文明，才不過一萬年時間。

②地球誕生至今已有 45 億年，有沒有可能在人類誕生之前，就已經存在過比人類文明更高級的智能文明呢？

187. 霍金曾辦過一個時間穿越者的聚會

霍金在 2009 年 6 月 28 日舉辦了一次 "時間穿越者聚會"，
他在聚會舉辦之前沒有向任何人透露或者發出邀請。

而在聚會結束之後，他才正式發出請帖，邀請有 "穿越" 能力的人赴宴。

霍金認為，如果有來自未來的人能看到這份請帖並能回到過去，
那麼他在那次聚會上就會見到貨真價實的 "時間穿越者"。

很可惜，那次聚會並沒有人參加。

要不要去參加
聚會呢？

最後，霍金認為透過這次實驗或許已經能夠證明，
時空旅行不可能發生。

更多
冷知識

①沒有時間旅行者現身聚會有其他可能性，
比如人們只能 "穿越" 去未來，不能回到過去。

②猜想一下，有沒有可能霍金辦的聚會其實
有穿越者光臨，但是他卻刻意隱瞞了事實呢？

188.透過蟲洞進行時間旅行在理論上是可行的

從科學理論來看，時間旅行理應是可行的，
實現時間旅行的通道則是蟲洞！

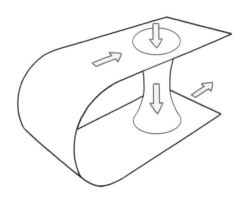

蟲洞是廣義相對論預言的一種連接時空上的兩個點的捷徑，
穿過蟲洞可以去到不同時間和空間上另一個點，
一端連著我們目前所處的時空，另一端與第四維度中的某個時空相連，
穿過蟲洞到達另一端，就能夠實現跨時空旅行。

霍金認為蟲洞和黑洞
或許存在關係

科學家猜測為何至今一直沒有未來訪客光臨地球，
可能是理論和現實間存在一定差距，
想要透過蟲洞實現時空旅行並非想像中那麼容易。

①若速度超過了光速，時間就會倒流，但是狹義相對論又告訴我們，光速就是宇宙的極限速度，是無法超越的。

②蟲洞的開啟依賴於一種奇異的性質，就是負能量，只有負能量才可以開啟蟲洞的存在。

189. 離地球 40 光年的迷你太陽系

科學家曾發表在距離地球 40 光年外的地方找到了一個星系，
它就像是一個迷你太陽系，名字叫 TRAPPIST-1 星系。

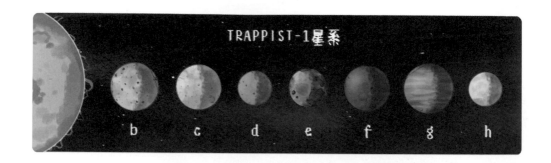

在這個星系上，有 7 個與地球極其相似的行星，
它們圍繞著名叫 TRAPPIST-1 的紅矮星運行。

可能孕育生命的
三顆類地行星

在這個迷你太陽系中，
有三顆類地行星位於與恆星距離適中的宜居帶，
有很大的可能性可以孕育出生命。

更多
冷知識

① TRAPPIST-1 是紅色的，體積大約是太陽的八分之一，溫度只有太陽的一半，以一個穩定的週期輕微閃爍。

② 6000 萬年前那次行星對地球的碰撞，地球花了幾百萬到幾千萬年的時間才慢慢"恢復"過來。

190. 在地球的上空有一個 "時間膠囊"

地球上空有一個攜帶著地球訊息的人造衛星，
這個衛星其實是一個時間膠囊，
名叫 KEO 衛星。

在這個時間膠囊裡裝有空氣、海水、一顆鑽石和人類的 DNA 樣本，
還攜帶了所有人類人種的照片、各地人民的書信和當前的百科全書。

來自世界各地人民的書信
被存在一張 DVD 光碟上

它會在 5 萬年以後回到地球，
給未來的人類看看他們祖先的模樣。

①人類第一代時間膠囊在 1937 年建造，是一個大門被牢牢焊死的不銹鋼保險庫地窖。　②KEO 衛星名字的來由是採用了當今語言裡使用最廣泛和最常用的三個字母。

更多
冷知識

191.月球表面早已遍布人類的垃圾

告訴大家一個很悲傷的事實，
那就是月球的表面早已遍佈人類製造的垃圾。

那些垃圾是人類在登上月球之後，
留下的探測器和生活用品等東西，足足有 200 噸。

**月球上的美國國旗
現在已經被輻射漂白了**

而這 200 噸垃圾大部分都是美國當年登月時留下來的，
這其中有尿袋、塑料袋和無法回收的裝備等。

**更多
冷知識**

①當年因為登月技術條件的限制，登月後返
回地球的時候，為了節約燃料，很多東西都
被遺棄在月球上了。

②地震不是地球特有的現象，月球也會發生
月震，原因是隕石撞擊或者天體引力。

192. 科學家：火星或許曾經像地球一樣繁榮

科學家對好奇號漫遊車最新採集的火星樣本進行分析之後宣稱，
火星或許曾經和地球一樣遍佈生命。

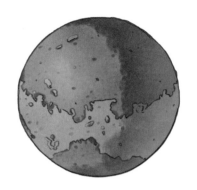

現在的火星　　　　　　　　復原的火星

有研究者認為，由火星上的地形構造可以看出，
火星上有河床和河流的痕跡，甚至有多種不明建築物。

火星人幻想圖

曾經的火星或許就是一個繁華的星球，
那裡曾有河流、綠洲以及各種各樣的生物。

①目前火星上仍然儲存著豐富的水資源，藏
在火星的地下。　　　　②有研究認為，地球上的生命也許起源于火
星，透過落到地球的隕石而傳播到地球。

193. 冥王星的表面積跟俄羅斯的 領土面積差不多大

冥王星的體積其實非常小，
只有月球直徑的三分之二。

俄羅斯國土面積有 1700 萬平方千米，
而冥王星的表面積為 1660 萬平方千米，
兩者的面積差不多大呢。

冥王星的"冥王之心"

冥王星於 1930 年被發現，並被視為太陽系的第九大行星，
但在 2005 年將冥王星排除出行星行列，將其劃為矮行星。

更多
冷知識

①冥王星的運行軌道距離太陽大約 48 億千米，冥王星上可能會一直處於類似地球上非常陰暗的天氣或者黃昏薄暮的狀態。

②冥王星和海王星之間的軌道存在一個最佳引力點，冥王星曾經是海王星的衛星。

194. 流星不一定是隕石，也有可能是糞便

平時我們看見的流星，可不一定都是隕石哦，
也有可能是來自於國際太空站的糞便。

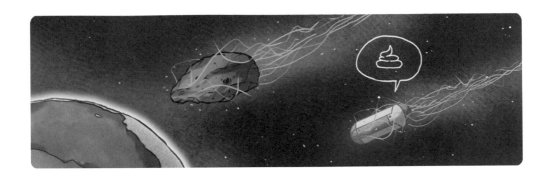

在國際太空站中，糞便無法和尿液一樣回收利用，
當裝載有糞便的集裝箱裝滿了，就會由載貨飛船運走，
在進入大氣層的過程中被焚毀。

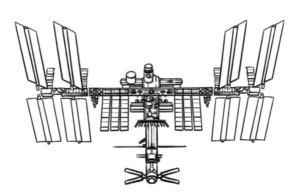

位於約 400 公里高空的
國際太空站

①國際太空站是人類有史以來建造的最大的太空飛行物：長 108 公尺，重 400 噸，尺寸超過波音 747 客機。

②在失重環境下待久了，太空人會出現肌肉組織萎縮、骨骼缺鈣等不良症狀，以腿部尤為嚴重。

更多冷知識

195. 可怕的"費米悖論"

費米悖論是一個有關外星人、星際旅行的科學悖論，
它闡述的是對地外文明存在性的過高估計和缺少相關證據之間的矛盾。

太陽是一顆很年輕的恆星，也就說明存在很多比地球更年長的類地行星，
理論上應該有非常多文明程度比我們更發達的智能文明存在。

可是，這些文明在哪裡？為什麼我們一直都沒有發現？

宇宙理應是遍佈生命的，可是我們卻沒有發現任何其他生命的跡象。

費米悖論最終提出了一個寂寞又可怕的問題：
偌大的宇宙中，只有地球在孤鳴？

更多
冷知識

①人類文明還在往Ⅰ型文明發展中，目前只達到了二分之一的Ⅰ型文明。這意味著我們還未能主宰地球以及周圍衛星能源的總和。

②目前有三大理論被歸為世界上最可怕的理論：平行宇宙理論、費米悖論和光速恆定理論。

196.卡爾達肖夫指數—文明的發展道路

卡爾達肖夫等級說的是，
根據一個文明所能夠利用的能源數量來量度文明的層次。
它的指標有三個類別：

Ⅰ型文明：該文明是行星能源的主人，
有能力使用這顆行星以及周圍衛星能源的總和。

Ⅱ型文明：該文明有能力使用母恆星的全部能源。

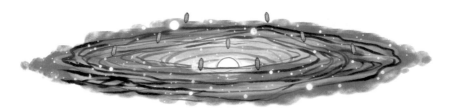

Ⅲ型文明：該文明可以利用相當於銀河系系統的能源。

①科學家認為Ⅳ型文明存在的可能性極低，
如果存在，它們將會是主宰整個宇宙的存在。

②在抵達更高型文明的道路上，必定會面臨
大過濾，意思是要篩選並淘汰不能通過"考
驗"的文明。

更多
冷知識

197. 什麼是量子糾纏？

原子、電子、質子等粒子是構成宏觀世界的微觀粒子，
量子力學就是研究微觀世界的一門科學理論。

其中的量子糾纏是一種量子力學的現象，
用簡單的語言可以這麼解釋這種現象：

把一個粒子"切割"成兩個或者更多的小粒子，
那麼"切割"後的粒子就組成了糾纏粒子系統。

兩個糾纏粒子無論相距多遠，
其中一個改變了狀態，
另一個也會瞬間感應並改變狀態。

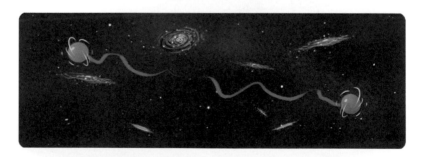

量子糾纏是一種不需要介質的超距作用現象，
它可以做到點對點的超光速即時感應，
即使相距無數光年也不例外，
簡直就是"蔑視"自然法則的存在。

更多
冷知識

事實上，如今所應用的所有科技產品，幾乎都運用了量子力學。在現代，量子力學的應用程度遠
遠大於相對論。

198. 薛丁格的貓到底活著還是死了？

"薛丁格的貓" 是奧地利著名物理學家薛丁格提出的一個思想實驗，
是指將一隻貓關在裝有少量鐳和氰化物的密閉容器裡，

鐳的衰變存在幾率，
如果鐳發生衰變就會觸發機關打碎裝有氰化物的瓶子，貓就會死去；
如果鐳不發生衰變，貓就會存活。

根據量子力學理論，由於放射性的鐳處於衰變和沒有衰變兩種狀態的疊加，
貓就理應處於死去和活著的生死疊加狀態。

所以，貓到底是死是活必須在盒子打開之後，
外部觀測者觀測之後才能確定。

①如果把貓換成人，人會知道瓶子有沒有破，能知道自己是死是活，就不會產生相應的疊加狀態。

②薛丁格的這個思想實驗告訴我們：除非進行觀測，否則一切都不是確定的。測量即是理，測量外無理。

199. 廣義相對論和何量子力學竟然是矛盾的

現代物理學有兩塊基石，所有理論都是從這兩塊石頭上長出來的。
一個是愛因斯坦創立的廣義相對論，另一個是波爾創立的量子力學。

但是這兩塊基石竟然是相互矛盾的，
兩者對世界的描述完全不一樣。

廣義相對論認為時空會發生彎曲，但卻是穩定平滑的；
而量子力學則認為空間在微觀尺度上是瘋狂和劇烈漲落的，
兩者的矛盾持續了 100 多年。

其實兩者並沒有誰對誰錯，
因為進行的所有驗證，都證明兩者是正確無誤的。

至今科學家還在致力於找到將兩者合二為一的理論。

更多
冷知識

① 1916 年，愛因斯坦的廣義相對論預言了引力波的存在，直到 2015 年人類才首次探測到引力波。

② 愛因斯坦還是一個擅長音樂的人，如果他不當物理學家，可能會是一個音樂家。

200. 萬物理論候選人—超弦理論

將廣義相對論和量子力學合二為一的理論，
有一個強有力的候選人——超弦理論（也稱 M 理論）。

超弦理論是一個理論框架，在這個框架中，
粒子物理學中的點狀粒子被稱為 "弦" 的能量線所取代。

弦的不同震動方式就表現為各種不同的帶有重力的量子力學粒子，
因此超弦理論確實化解了廣義相對論和量子力學之間的矛盾。

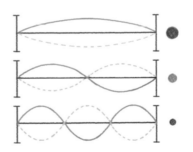

**弦的各種震動方式
就是各種不同的粒子**

可以說超弦理論是一種描述宇宙規律的完美理論，
但唯一的問題是超弦理論至今還沒有被證實，還處於科學猜想階段。

①超弦理論的思維方式過於超前，還沒有辦法驗證，但是在數學上，超弦理論是說得通的。

②正是在超弦理論誕生之後，人類認知的四維維度拓展到了十維空間加上一維時間的十一維時空。

更多冷知識

記在最後的故事

在很久以前的一個夏天，我記得有個小男孩躲在房間裡邊吹電風扇邊吃冰棒。

他歪著腦袋晃著腿，翻著一本關於大自然的書。

看著看著，他卻拿起筆把書裡的圖畫都描了一遍……

他也想有一本自己畫的繪本。

妖怪

那麼，在很久以後的今天，他的夢想實現了嗎？

太好啦，你終於翻到了這一頁！沒錯，我就是那個吃冰棒兒的小男孩。

性別：男
屬性：大齡未婚技術宅
寵物：兩隻貓主子

志向：要證明外星生命普遍存在於宇宙中

鑒於本書已經到了最後的章節，我終於可以說出最大的秘密了——

自從我開始創作這本關於冷知識的書，

我好像得了一種怪病。

我總覺得有什麼東西，

圍繞在我的身邊。

然後，又出現了…

?!

一隻大章魚！

燒烤全豬（*貓的名字）！你沒事吧！臭章魚快放開它！！

喵嗚！

它挾持了我的貓咪，

但是卻低估了貓咪的戰鬥力。

咬

於是我知道了章魚的血是藍色的。

211

212

非常感謝購買了本書的你！

在這本知識科普書中，我試圖用有趣的配圖和精簡的文字，向你解釋大多數人都不知道又很好玩的小知識，讓它同時成為一本漫畫繪本。

這些小知識除了可以增加知識能量、讓生活變得有趣一些以外，我更希望其中對於未知的猜測和推理，能夠拓展我們的想像力。

如果好奇心讓我們找到了生活中的真實和溫暖，那麼想像力便是讓我們天馬行空的翅膀。

下一本書，我們再一起尋找這些"隱藏"的小秘密吧！

喵。